中等专业学校试用教材

建 筑 绘 画

杨志凌 主编

中国建筑工业出版社

图书在版编目(CIP)数据

建筑绘画/杨志凌主编.—北京:中国建筑工业出版社,
1993(2007 重印)
中等专业学校试用教材
ISBN 978-7-112-01867-3

Ⅰ.建… Ⅱ.杨… Ⅲ.建筑艺术-绘画-技法(美术)-
专业学校-教材 Ⅳ.TU204

中国版本图书馆 CIP 数据核字(2007)第 186220 号

本书为建筑绘画方面的中专教材,着重阐述了建筑画技法训练的理论
与实践,内容由浅入深,循序渐进,从素描、水彩、水粉画技法到建筑表现技
法,都作了详尽论述。本书内容通俗易懂,概括简炼,图文并茂,理技交融,
充分体现了中专教材的结构特点。

本书可作为建筑学专业、城市规划专业和建筑装饰专业的教学用书,也
可供建筑设计人员及美术爱好者参考阅读。

中 等 专 业 学 校 试 用 教 材
建 筑 绘 画
杨志凌 主编

*

中国建筑工业出版社出版、发行(北京西郊百万庄)
各地新华书店、建筑书店经销
廊坊市海涛印刷有限公司印刷

*

开本:787×1092毫米 1/16 印张:6¼ 插页:8 字数:151千字
1993年6月第一版 2013年11月第十二次印刷
定价:15.00元
ISBN 978-7-112-01867-3
(14845)

前　言

本书是根据中华人民共和国城乡建设环境保护部颁发的《普通中等专业学校建筑学专业、城镇规划专业教学计划》中的《建筑绘画教学大纲》的精神而编写的教材。它是普通中专、职工中专、业余中专的建筑学专业、城镇规划专业、建筑装饰专业和村镇建设专业的教学用书。也可供建筑设计人员学习参考应用。

本书内容包括建筑画绪论、素描技法、色彩基本知识、水彩画技法、水粉画技法、建筑画表现技法，建筑配景画法共七章。它概括地叙述了基本功训练及各种不同建筑画的学习方法和步骤，并有插图（包括彩图和附图）可供参考，有助于教学时，由浅入深、循序渐进。本书素描部份由齐文煜同志编写，其余部分由杨志凌同志撰写。本书力求使学生在学习中获得系统和完整的理论知识，并在实践中掌握建筑画的表现技法。

本书由杨志凌主编，由黑龙江省建筑工程学校戴慧云高级讲师初审、湖南省建筑工程总公司总工程师、高级建筑师陈大卫主审。并请内蒙古人民出版社宋显瑞副编审、郑州建筑工程学校讲师童霞同志协助为本书的审稿作了大量工作，在此表示感谢。

由于我们水平有限，书中错误和不足之处敬请广大建筑界同行和读者批评指正。

目 录

第一章 绪 论

第一节 建筑画的特征

建筑画是建筑的语言，也是建筑师的基本技能，是全部设计过程中的一个重要环节。可以说建筑画是进行建筑设计必不可少的手段。

建筑画在于表达设计的意图和效果，它不仅表现出建筑本身的形象、空间、色调、质感等特点，而且反映出建筑与人及环境的关系，产生因地因时所形成的景观意境。是绘画艺术与建筑艺术的高度结合与互相渗透，反映出多种多样的艺术效果，具有独特的审美价值。

建筑"画"与建筑"图"仅一字之差，但其含义截然不同，前者用以表达设计意图、设计构思和意象以及表述建筑环境气氛。从设计者自己的构思到与业主讨论方案或交上级机构审批，直到设计方案正式完成，都离不开绘制建筑画。而后者则是在设计方案确定以后，用于建筑施工所绘制的工程图。

建筑画的表达是通过绘画形式来完成的，它与绘画艺术的造型规律基本是一样的。建筑画不同于一般的工程技术图纸，要求有较高的艺术性，它本身就是一种艺术品。因此要求建筑师具备一定的绘画水平和艺术修养。

要画好建筑画，不仅建筑师掌握的知识应该是多方面的，而且还要通过反复实践，使艺术表现力不断地有所提高，才能真正画好建筑画。

建筑画的产生早在古代就已经出现了。从古埃及遗留下来的壁画式的陶器上，可看出当时已使用了重叠远近法，在古巴比伦、希腊和罗马，已有了描绘在石板上的平面图，只是运用透视原理进行绘画尚未出现。真正用建筑画来说明建筑，在国外是从公元12世纪开始的，13世纪时德拉曼绘制了极为精细的哥特建筑的立面图。在绘画领域出现了用明暗表现远近的方法，意大利文艺复兴时期，便采用了真正的透视画法。建筑师阿尔贝蒂在《绘画论》（1435—1436年）中关于透视图的原理写道："观察一个物体的时候，由于所处的位置不同，看到的结果是不同的，也就是视线不同。视线是以眼睛为顶点而形成的视角锥，视角锥的轴即中心视线……所谓绘画是一个平行于视角锥的断面，它与底是相似形。"而在绘画界利用这种透视法的原理，以明暗远近感进行夸张，有的从上往下看，有的从下往上看，使画面形象富有变化，利奥那多·达·芬奇的作品"最后的晚餐"便是采用远近法的代表作。

文艺复兴以后，透视法的原理才真正进入建筑领域，19世纪，由于绘画工具的改善，法国、英国、德国等国家的建筑师运用钢笔、水彩绘制透视图，而且有的画得十分精细。

进入20世纪以后，随着赖特等建筑大师的出现，建筑透视渲染图已具备了独特的艺术魅力，为建筑画的进一步发展奠定了坚实的基础。

随着建筑事业的发展，建筑绘画的研究工作不断深入，新的工具材料不断被开发，新的技术不断出现，建筑绘画已经形成了一个新的独立的学术体系。

建筑画的绘制方法、艺术手法和使用材料各不相同，表现的风格也就多种多样。例如用透视投影的方法绘成透视图，提高视点后画成鸟瞰图，还有用轴侧投影原理画成不同种类的轴侧图、甚至可以用建筑表面展开方式画成具有图案特色的建筑画。而使用不同绘画工具和材料来说，有水彩、水粉、水墨、铅笔淡彩、钢笔淡彩、喷笔、马克笔、丙烯笔等，大大提高了建筑画的艺术表现力。其中现代水粉渲染，图面醒目，充分表现了建筑材料的质感，并且绘制透视图快，更被建筑师广泛采用。

建筑画作为一种艺术与工程技术相结合的独特艺术形式，随着建筑事业的日益繁荣，必将展示其更加广阔的前景。

第二节　建筑画的功能

建筑画的功能主要是表现建筑师的设计效果，是建筑师设计思想的表达手段。

一、表达构思

建筑设计的构思阶段，离不开对建筑的平面关系、立面关系和剖面关系的分析和反复推敲。在这个过程中，对于建筑的立体形象效果的研究和评价往往起着重要的作用，许多建筑大师的优秀设计方案往往是先从效果草图构思开始的，这是一种徒手的建筑表现法，这种表现法对一个建筑师来说是必须掌握的技巧，要求达到相当熟练的程度。做到得心应手地把自己心里所想的空间和形象信手画出，并且基本上达到比例和透视关系大体准确。

二、推敲方案

建筑师的构思成熟后，可以开始进行设计时，对造型效果要作反复的推敲，有时甚至还要在同一设计方案基础上画出几种不同角度的效果图来，而且常常是用快速的表现手法，一般来说，这类建筑画有用仪器画的，也有徒手画的，都要求快速、准确、简明，因而需要相当高的表现技巧。

三、表现建筑真实效果

建筑设计方案完成后。甲方，城市规划部门，施工单位和有关审查单位，对于重要建筑都要求有建成后的真实效果图，也就是我们所说的建筑画。尤其在建筑投标时，这种建筑画更是必不可少的。

第三节　建筑画的要求

建筑画的主要功能在于真实地表现将要建成的建筑物具有真实效果。因此，它与一般绘画在总体和具体要求均有所不同。

一、客观性

一般绘画，作为表现作者主观情感的艺术形式，允许在表现上任意取舍、夸张、变形和换色，只要能表现画家的主观感受，对形象的塑造，在表现上的自由是相当大的，因而每一个画家对同一主题的表现也就千差万别，甚至思想内涵、意境是截然相反的。这充分地表现了画家的自我感受的主观精神。而建筑画则要求建筑师的设计思想完全是客观的，真实的表现建筑形象，包括环境、比例、透视、质感和色彩，不允许有任何的主观随意性。同是一个建筑，不同的建筑师去表现，效果必然是大体一致的。所以建筑画与一般绘画有其不同的特征。

近年来，在设计审批和设计投标等活动中，有些建筑画作者违背了上述原则，任意改变其建筑设计外观氛围，是不可取的。

二、科学性

在建筑画技法训练中，科学性的理论原则应被放在重要的位置上，它不象一般绘画那样，虽然也要求训练绘画的基本功，但不要求象绘画训练一样渗透了情感因素，不能用情感的表现超过了理性的要求。恰恰相反，建筑画在训练基本功的全过程中主要掌握技法的科学性注意理性原则。要求掌握阴影透视学、素描、色彩和构图学方面的科学知识，从而为真实而准确地画好建筑画打下坚实基础。当然，允许在理性原则的基础上适当渗入一定程度的感性因素。

三、制图性

众所周知，一般绘画从它的基本训练开始一直到进入专业创作阶段、不主张使用仪器作画，最忌板、刻、节。相反地建筑画却为了追求准确，尽量要求使用仪器绘制。建筑画的构图涉及形态学范畴，在某种意义上可称它为色彩透视图。

第四节　怎样学习建筑画

学习建筑画的方法很多，每个建筑师的表现方法不同。一般来说，学习建筑画除了具有绘画基础知识外，还要具有一定的表现技巧。

一、写生能力

若想学习和掌握建筑画的方法，首先必须具有一定的绘画造型能力。因为建筑表现画毕竟具有一般绘画的属性和造型方面的要求。所以，初学时必须首先学习一些素描、色彩和徒手画的知识，并掌握一定的技巧。具体的课程就是素描，速写、水彩、水粉等等。

对学生的训练首先要从几何形体入手，其次过渡到较为复杂的静物写生，起初画简单明确的形体，便于学生观察、理解、分析物体处于空间的基本形态和结构特征，从而达到掌握造型的基本原理，以便适应较为复杂的建筑和环境的表现；适应建筑室内外的写生。特别是对于建筑室内外的写生，能使学生直接了解建筑造型的构造形式以及色彩的变化规律，和建筑在城市的布局与城市的关系，通过写生掌握建筑造型的规律和表现能力，并且通过写生在生活中记录设计素材，它最终就是为了丰富建筑设计中的形象语言，使建筑设计的表现力更能得心应手。

二、绘图能力

建筑画具有很强的科学性，要求绘制的准确、真实。画出的建筑要与将来的建成的建筑形象，比例基本一致，所以它的轮廓和结构都是用透视作图法求出来的，十分精确，这就要求学习一些透视知识并要掌握一定的作图方法。具体课程有透视作图法，建筑透视阴影和建筑制图等等。这些知识已在制图课中学习。

三、造型能力

上面提到的写生能力，也是造型能力之一，这里所指的造型能力，是对造型的普遍规律、原则和方法的掌握，它涉及到造型的形式美和构成技法以及绘画修养，对建筑师来说也是同样重要的。

第二章 素 描

第一节 素描的基本概念

素描泛指单色绘画，是造型艺术的一种，它是以形体结构，位置比例，明暗调子，线条和体面等造型因素来表现对象的空间形态。以素描的方法表现的形体，摒弃了对象表面色彩及光色繁复变化的影响，表现了形体的本质，如同建筑的框架，墙基，形成了建筑的基本形象特征，而建筑的颜色、墙面、室内外装修则是附着在上面的外表，如果没有前者后者就无从依附。

素描由于它自身的特点，适合作为造型艺术的基础训练。

素描训练过程是以写生为主的，面对现实空间的可触摸的立体形态，经过观察，理解，分析，用素描的方法描绘在平面上面（素描训练中专用纸张），使画面呈现出可感觉到的视觉立体形态，这个过程是先由感性认识开始的。在进行素描的训练前，这种感性认识表现为对形体的理解是低级的原始幼稚的能力，而通过训练，即反复观察和作画实践，便可以逐步提高对形体的更高理解能力。

写生中依据客观存在的物象，通过人们对其特征的审美感受，用素描的方法表现成为一种绘画的形象，这里边包含了人的社会属性；精神状态所决定的主观意识，就表现物象的过程而言，不是原封不动的对客观物象的再现，更比人们使用照相机拍摄物象的结果更富于主观意识。这种主观意识水平的提高与否，是由人的审美能力，知识和表现技巧所决定的。

所谓审美能力是人对可视现象的观察能力，感受能力、判断能力、分析能力，理解能力、记忆能力、联想能力、想象能力等等，也可以统称为形象思维能力。这在素描训练中，是十分重要的。

第二节 素描造型的基本规律

一、形体结构与空间

在造型艺术领域，从可视的角度所说具有一定的形状，是指占有一定空间的物体构成一定的形体。所谓形体结构，指的是形体占有空间的方式。形体以什么样的方式占有空间，形体就具有什么样的结构。比如说，形体若以立方体的方式占有空间，它就有着立方体的结构；若以圆球体的方式占有空间，它就有着圆球体的结构；若有不同形体穿插组合在一起的方式占有空间，它就有着相应较为复杂的结构。

形体结构本质地决定形体的外观特征，这是第一位的、无条件存在着的。而光线照射所产生的明暗变化，虚实变化，因有色的深浅，透视变化等等，只是在特定条件下才呈现的现象，这些现象无论怎样变化均离不开形体结构的制约，因此是第二位的，非本质的，这正是我们认识和表现形象要从形体结构出发的根据。

在素描作品分析中，许多人把形体的结构在空间体现的关系称之为"三度空间"关系。这是有客观依据的，因为形体在空间体现出高度、宽度和纵深度的立体特征。形体的纵深度，又往往存在着最近的、较近的、中间的、较远的，最远的等多层次空间关系，背景则呈现更深远的空间感。所以一幅素描要表现的空间关系，可分出无数的空间度，从任何一点到另外一点都可能体现不同的空间层次。"三度空间"只是对复杂的空间关系的一种概括，如同我们把景物距离概括为近景、中景、远景三个层次一样。

在素描写生中，形体的高度、宽度容易体现，形体的纵深度则较难体现，强调"三度空间"关系，主要是要我们注意表现形体的纵深度。

学会表现形体的"三度空间"形象，可以更加逼真地反映客观事物。当然，素描的艺术风格是多种多样的，有的素描不重空间感，只追求平面造型的形式美感，但是作为素描基础训练必须有"三度空间"的理性意识，并且充分表现出空间关系。

二、形体结构的点、线、面

在素描中，形体体现的所有不同方向的平面相互连接的关系称为体面关系；两个体面在联结处呈现的棱角线，转折线称为"体面线或结构线"；由一凸起部分连接三个以上不同方向的面，在形体上形成尖角凸起，这凸起的部分称为"骨点"，"高点"，或"起点"，相反，向凹成的角则称之为"窝点"，"低点"，或"伏点"。形体上的点、线、面、互相制约，互为因果，其不同的排列组合构成不同的结构特征。从根本上说，形体特征取决于其高点的组成形式，高点组成的不同，制约着形体点、线、面的排列组合（图2-1）。

缺乏素描写生经验的人们往往只看到概念的、孤立的轮廓线，用这些概念的线，象图解一样解释形象，而看不到点和面的造型，看不到点、面对线的制约。应全面培养"点、线、面"的造型意识，以提高观察能力和形象的认识能力。

从形体占有空间的方式理解形体结构的说法，是从理性的角度指导我们认识形体结构的，而"点、线、面"之说则是从感性的角度指导我们认识形体结构的比例。

形体各主要点的高低、远近及各部位起止点的上下左右的比例位置决定的形体结构都有自己特定的比例。比例关系是形体结构的存在关系或点、线、面关系的最基本的法则（图2-2）。

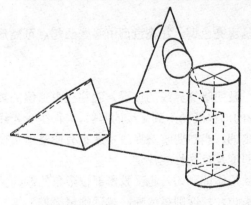

图 2-1

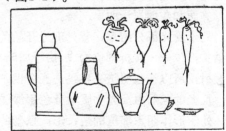

图 2-2

学习素描，首先要解决的就是观察、分析，并确定形体各部位的比例位置，在这个基础上才能进一步深入刻画好形象的特征。要想准确地找出形体的比例关系，把握形体的比例，必须把形体的空间关系和透视规律考虑在内。

三、形体的明暗调子

观察和刻画形体时需要有一定的光照条件。任何形体，只要有体积，处于一定光线的照射下，就会产生一定的明暗面，形体体面朝向不同，变化程度也不同，便呈现出色调的深浅变化。我们把形体的明暗色调之间的对比关系叫做明暗关系。

形体的明暗关系由以下五个方面决定：

（1）光源的多少及光线的强弱；

（2）光源距离形体及其各部位的远近；

（3）形体体面和光线构成的角度；

（4）形体本身的色度深浅及透明度，反光性能；

（5）周围环境的色度深浅及反射光的性能；此外，视点与形体的距离远近，从视觉上说虽然不决定形体的明暗，但影响其清晰度和对比度。

从以上所述可以看出，形体的明暗关系主要受五个因素的制约，变更其中的任何一个因素就会引起明暗关系的变化。例如，形体不动，移动光源，或光源不动，移动物体，或改变光线强度，改变周围的环境等等，都会引起形体明暗关系的变化。

但是无论明暗关系如何变化，都脱离不开形体结构本身特征的制约；反过来，形体结构则不会受光线和其它因素的制约。

从理性上明确以下两点是十分重要的：一是无条件存在的本质特征，二是有条件存在的表面现象。因此在素描中，观察和表现形体的明暗关系只是一种手段，其目的是通过这一手段刻画处于一定光线照射下的形体的本质特征。当然，掌握不好手段，也达不到一定的目的；但是，若目的不明确，只管涂调子，而调子又不注意表达一定的形体因素，则势必造成形体和色调的脱节，所谓明暗色调也就失去了存在的依据和价值，调子本身也难以涂好，必然出现杂乱无章或浮浅表面。

明暗色调的表现规律如下：

形体受一个主要光源光线照射，则会形成两大部分（亮面部分和暗面部分）三大面（亮面、灰面、暗面）和五大调子（亮色调，中间色调，明暗交界处的暗色调，反光色调和投影的次暗色彩）。

形体受光或光线垂直照射的面是光面，它呈现亮色调。在亮色调中某些凸起点可能形成高光，高光部位色调特别明亮。

亮面和灰面属于明面范畴。

处于受光部分结束，背光部分开始的部位，是明暗交界线的位置，它往往由形体的重要结构部位——转折部位构成。由于明暗交界线的部位既受不到光线的照射，又很少受光线的照射，所以往往明暗交界线是五个调子中最暗的。当然明暗交界线本身也有明暗虚实变化，反光的强弱由反光物质本身色彩深浅，透明度及反光性能决定。

处于形体阴影部位的是投影，投影的形象受形体的制约，也受投影部位形象的制约。投影轮廓的清晰度和明暗受光源与形体距离的影响，越近则越清晰，越远则越模糊。

明暗交界线，反光及投影属于形体的暗面范畴。

一般来说，受光部分的色调均亮于背光部分的色调，也就是说，中间色调不会暗于反光，换一句话说，反光不会亮于中间色调。

实际上，客观形体的明暗色调变化是千差万别的，每一点和另外一点都有所差别，层次十分丰富，尤其是复杂形体，明暗关系更是错综复杂，这里所说的两大部分、三大面和五大调子，只是从大处着眼的概括归纳，有利于相对地表现形体的整体关系（图2-3）。

在素描写生中，由于绘画工具材料（纸张、笔）的局限，很难把自然形象中千差万别的明暗色调层次一一表现出来，在表现处于亮面色调的体面时只能留空白，不会涂或极少涂颜色；在表现中间色调的体面时，则相应地涂成灰颜色，形成灰色调；在表现暗面时，则相应地涂上黑色、黑灰色等重颜色。这样，在素描中就形成黑、白、灰的色调关系。

自然形象在客观存在中形成自己的明暗关系，素描形象在素描纸上形成另外的视觉关系，其二者的关系，一是存在的形体，二只是视觉的视体，二者关系只能相近似。因此，在表现形象的明暗时，也要从大处、从全局，从整体对比关系着眼，不要照抄形体局部的色调而不顾整体色调的对比关系。

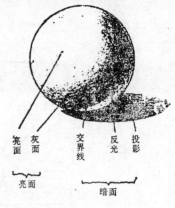

图 2-3

例如：自然形象的明暗色调关系是：亮色调为一，中间色为二，明暗交界线为五，反光为三，投影是三到四。在素描中，如果纸张白度达不到一，只能达到二，那么，在素描中的亮色调只能是二，灰色调则应是三，明暗交界线则应是六；反光应是四，投影则应是四到五，从而保持明暗关系在对比上的相对准确，否则，就可能把关系画错，即使某一个局部色调和自然形象相应的局部色调一致，也没有什么意义，从整体关系上说也是混乱的。

在观察色调对比时，要学会全色调的对比观察，否则，就可能产生错觉。例如，在观察中间色调时，如果只把它和高光，亮色调相比，忘记把它同反光色调比较，那么，越比越会觉得（这是错觉）它颜色深，从而把这部分色调越画越黑；相反在观察反光面时，如果只把它和明暗交界线的黑色调相比，那么，越比越会觉得（这也是错觉）它颜色浅，从而把反光面画的很亮。这样发展下去，全局色调势必花乱无章。不少人处理不好色调关系，原因就在于此。

四、形体的透视

由于视觉的原因，我们看到的物象都是近大远小，同样大的物体，愈远感到愈小，最后会看不清而"消失"。这种现象被称为"透视现象"。用科学的原理和方法，把透视现象精确地画出来，使其形象，位置，远近感觉和实景感觉相同的学问，叫透视学。这门学问在欧洲画家中很早就取得惊人的成就。图2-4是文艺复兴时期画家巴·贝鲁齐完全符合透视原理的街景速写画。

一般地说，没有透视学的基本知识，就画不好写实的绘画。要学好素描，必须具备最起码的透视知识。因此，介绍透视的基本原理，以及与写生直接有关的一些透视画法是必要的。

图 2-4

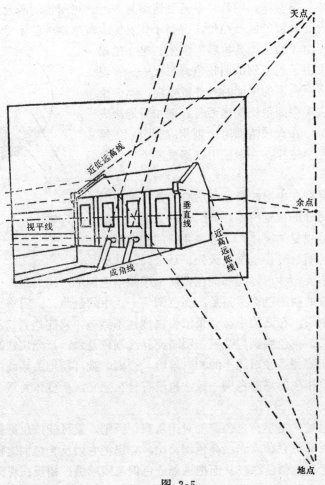

图 2-5

（一）透视专用术语介绍

视点　画者眼睛的位置（图2-5）。

视线　视点和物体之间的连接线。

视域　固定视点后，60°视角所看到的范围（图2-6）。

视平线　向前平视和视点等高的一条水平线。

透视平面　假设在画者视点与被画物之间的一个透明平面。好象我们隔着玻璃窗向外观看景物，一切景物的透明形都在窗玻璃上显现出来。这块"窗玻璃"即为透明画面（图2-7）。

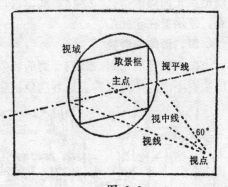

图 2-6

这里要着重提出两点。第一，这种透视画法有个固定视点和视域限制，即视点一旦确定不能再作变动，不然所有透视线要按新视点重画，而超出60°视角范围，物象的透视形就会画不准。所以我们在写生时必须和写生对象保持一定的距离（一般为写生对象高度的三倍以远），以保证写生对象在60°视域范围之内。第二，要特别重视"透明画面"的存在

8

图 2-7

和原理。它是一切透视画法产生的根据。从图2-6中我们可以形象地看到古代人通过"透明画面"研究透视画法的情景。

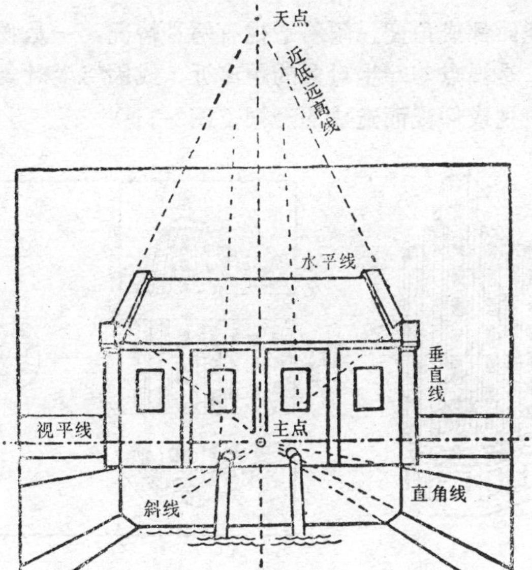

（二）七种不同方向的线

我们所看到的物象，包含有各种不同方向的内外轮廓线，产生透视变化的叫变线，不产生透视变化的叫原线。变线有四种，原线有三种（图2-8、2-9）。

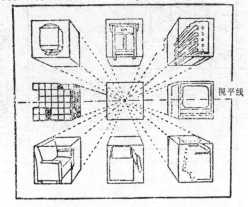

图 2-8

图 2-9

原线：

水平线 平行透明画面，平行地面的线。

垂直线 平行透明画面，垂直地面的线。

斜线 平行透明画面，与地面倾斜的线。

变线：

直角线 平行地面与透明画面垂直的线。

成角线　平行地面与透明画面倾斜的线。

近低远高线　与地面、透明画面都成倾斜角度，近低远高的线。

近高远低线　与地面、透明画面都成倾斜角度，近高远低的线。

变线中互为平行的线段，愈远愈向一起靠拢，最后消失于一点。

（三）四个灭点

灭点又称消失点，它是变线（消失线）的汇集点。

主点　是视平线上正对视点的一点，主点只有一个，是直角线的灭点。

余点　视平线上除主点以外的灭点，是成角透视的灭点。

天点　视平线以上，主点或余点的垂直上方，是近低远高线的灭点。

地点　视平线以下，主点或余点的垂直下方，是近高远低线的灭点。

（四）三种透视

根据被描绘物的面与透明画面及地面的关系，可分为三种透视，以正立方体为例。

平行透视　正立方体的正前面与透明画面平行。正立方体的平行透视最少只看到一个面，最多看到三个面。与透明画面成直角的线都消失于主点。

成角透视　正方体的一面与地面平行，其余两直立面与透明画面成角度，也称余角透视（图2-10）。正立方体的成角透视最少看到两个面，两直立面的上下边线分别消失于两个余点。

倾斜透视　正立方体的面和透明画面、地面都成角度。倾斜透视有两种情况，一是物象本身有斜面，如房顶、坡路、桥面等。另一是视点与写生对象的距离近，或因写生对象体积太大，使透明画面与地面成斜角，也即俯视或仰视而造成的透视（图2-11）。

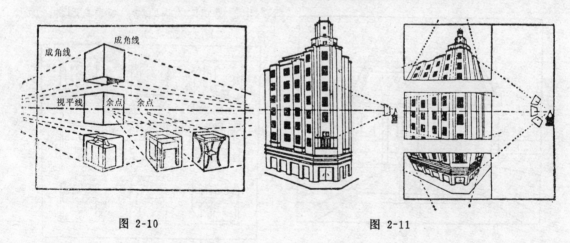

图 2-10　　　　　　　　　　　　　图 2-11

以上所谈，为透视的基本常识，似乎与写生的关系不大。实际上，缺乏这些知识对写生能力的掌握和提高确实是有影响的。有些人的画，表面上看起来画得很周到，但总感到不舒服，毛病往往出在对透视基础知识的忽视。

（五）一些与写生有关的透视原理、透视画法及要点。

第一：透视规律概括成一句话就是"近大远小。"由于距离的增加，大的逐渐变小，粗的变细，疏的变密。这种大变小的现象正好与视点（写生者）到写生物象之间的距离越小，大变小的透视变化就越显著。

第二：视平线可以在画面内，也可以在画面外。视平线的高与低对画面形象有很大影响，高于视平线时可看到底面，低于视平线时可看到顶面，视平线处在物象中间时，底面与顶面都看不见。底面或顶面离视平线越远可见面就越大，离视平线越近则可见面越小，和视平线平齐时就只有一条线（图2-12）。因此，在开始写生时应该先确定视平线的位置，这是正确画出物象的好办法，要逐渐养成习惯。

第三：方形透视是应用最多的一种。一些多边形及不规则形都可以借助相应的辅助方形画出比较准确的透视形。所以对方形透视画法必须特别重视并熟练掌握。除注意上述两点，还应注意重点和余点都必须在同一条水平线上（也即视平线），不然画出来的立方体及其它物象的底面，会感觉不在一个平面上，透视关系也极不舒服（图2-13）。

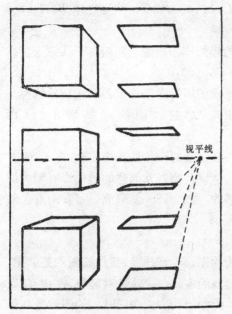

图 2-12

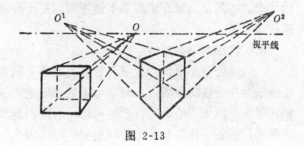

图 2-13

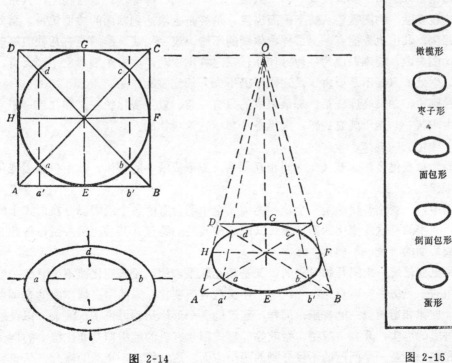

图 2-14

图 2-15

橄榄形

枣子形

面包形

倒面包形

蛋形

11

第四，圆形透视图要借助于方形才能准确画出，具体作法如下：（图2-14）先画出与已知圆四周相切的正方形$ABCD$，使切点EG、FH相连，并画出对角线AC、BD分别与圆周相交得a、b、c、d。连接da、cb并延长与AB相交得$a'b'$。再开始画透视图方形$ABCD$，使Aa'，$a'E$，Eb'，$b'B$与原方形各段相等。使AC、BD连结得交点，并自交点引AB的平行线得FH，联结oa'，ob'，oE得交点a、b、c、d、G，用弧线连接aE、b、F，CG、d，H各点即得圆的透视形。

透视圆形的弧度要圆顺均匀，近的半圆大，远的半圆小。两端不能画得太圆或太尖。两个不等大的同心圆的透视形之间的距离，要注意$a=b$，$c>d$。

当然，写生时画圆不必画这样的透视图。但对透视图形的图象特点必须了解并掌握。不然，往往会出现错误的圆形。作为基础练习，必须先从掌握准确的透视形开始（图2-15）。

如能对上述四点有较为深刻的了解和掌握，各种较复杂的形体的透视变化就不难对付。实际上，复杂形体的透视变化其原理是一致的，所以，画好几何体的透视形有着关键的作用。当然，这里介绍的基本透视知识是十分简略的，如需进一步研究，可参阅有关的透视学专著。

五、构图的一般规律

一幅画的完整谐调，在很大程度上取决于画面的构图，绘画作品、建筑绘画均是如此，在纷纭杂存的现实生活中，画者为了更鲜明地表现物象的本质，要通过对客观事物的选择，组织，以更好地表达自己的构思。当落实到具体的绘画的方式表现时，构图就是具体的形式，也是一件作品形式美的集中体现。因为一切形式因素，不论是线条、形体、色调等，都必定展露在画面之中，构图就是对画面这些形式的安排布置和组织。

中国画论里称之为"经营位置"、"章法"，"布局"等等，都是指构图，其中布局这个提法比较妥贴。构图需要从整个画面出发，最终是企求达到画面的协调统一。譬如，一幅静物写生，其中也许能有一、二件物体画的不错，或一幅建筑绘画能有几处漂亮的色块，若是构图失败，便难以成为一件好作品。反之构图成功，尽管个别形象平淡无奇，或个别有败笔之处（只要不是要害），这幅画仍不失为较完整的作品。

构图法则中，如果高度概括，那最根本的只有一条，就是变化统一。即在统一中求变化，变化中求统一。至于其它规律，大抵是从属于这个规律的。

（一）变化统一规律

自然界物象变化多样，若彼此之间相互联系，而形成统一的整体，其中包括着变化统一的客观规律。

在画面中，"变化"指的是一个统一的画面之中所含有的各个组成部分在形式上的差异，"统一"指的是这些变化的不同形式又以某些共同的特征，某种比例关系，彼此有机地联系形成画面的"统一"整体。

由此可见变化统一之间是相对立的，又是相互联系着的，没有变化谈不上"统一"，"变化"中应求"统一"；反之，"统一"中又应有所变化。乐曲中高低急缓的音调可以组成节奏，旋律和谐而统一的音乐，同样，建筑的各个形体结构、色调、线条，以及绘画章法中所讲求的虚实，开合，疏密、聚散等等形式因素有机的组织即是变化统一的例子。

变化和统一，是一个问题的不可分割的两个方面。这是作为一个总的概念，从正反的角度进行解释，变化统一不外乎三种情况：

第一，有变化而不统一

现实生活中，变化比比皆是。各种物质，样式、大小、色泽、用途等等全然不同，它们偶然的并置是一种最普通的现象，虽然有变化，但谈不到统一。作画也一样，若是安排一组静物，如选用一本书、一个盘子、一双皮鞋，它们在内容上各不相干，如果在放置上也没有规律，那就是变化有余，极不统一的典型。

构图学上往往用三个苹果为例，如（图2-16）三个苹果各据一方，各有所向，各不相干，这就是在形体位置安插上的不统一。上述是以形体为代表的实例，其它造型因素也是同样，任何画面，所谓有变化而不统一的，对线条来说，就是"乱"，对色调来说就是"花"，对形体来说就是"散"。即使不是复杂的构图，象石膏几何体创作，这些情况均不例外。

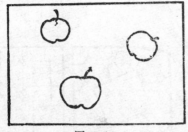

图 2-16

图 2-17

第二，极统一而无变化

所谓极统一而无变化，指在组合排列上完全按照机械的秩序，（图2-17），所有的形体都极其规则地斜向一方，并且排列横竖整齐，甚至间隔相同，或比例递增，递减。用这实例推及其它造型因素，效果大抵相仿都是显得单调、呆板，为一般作品所不能取。

第三，既有变化又达到审美的统一

所谓达到审美的变化统一，并没有固定的标准。对此，不可能举出一个科学的实例，因为合乎法则的条件下每个人判断审美的标准也不可能相同。

从上述两例中我们对变化统一有了一个基本的了解，还需懂得构图是由诸多的造型因素构成的，而变化统一的要求并不一定全面等量地反映在所有的造型因素之中，即某些因素如果过分单调，便可以由其它因素进行补偿。另外还可以将这种因素转化为别的因素。譬如，以线表现的钢笔画，色调上虽然没有什么变化，但是它可用不同的形、线变化进行补偿，通常由于线条疏密不同而转化为各种不同的灰色面块。马赛克镶嵌的建筑装饰画，每一片马赛克的形状完全相同，但是由于不同颜色的拼接而成为有变化的图形。

（二）对比

在画面强弱不同的，对比关系合理的组合中，相对反差最大者，并对画面起着特别重要作用的，我们称为强烈的对比，习惯上简称为"对比"。强烈的对比最为醒目，印象鲜明，因此在造型艺术中，往往将它用于要害部分，构成画面基本形式，成为绘画表现技巧的重要手段。

对比在这里是指某种造型因素就其特性在程度上的比较。例如，明暗色调这一造型因素，它的特点是深和浅，较深和较浅是对比、而黑和白是其中最强烈的对比。线条有长短的对比，也有曲直的对比；形体有大小的对比，也有方圆的对比。色彩方面就更为复杂。

从广义上讲，有差别就有对比，并不一定要是极端的差别。譬如大和小、长和短，软和硬，都属对比，但这是相对的比较关系，并没有绝对的"值"，因为软硬、长短、大小都没有极限，同时它们反差的程度是逐步递增递减的，难以界定到什么程度才算达到最高或最低反差。尽管黑和白似乎近于明、暗的两极，事实上它们具体明度是相对而存在的，白纸总没有发光体那样耀眼，画面上的最黑的地方就没有黑丝绒那样乌黑。因此，无论是客观物体，还是画面上的表现因素，处处都存在着对比。若是没有对比，就不可能为视觉所感知，试想一个画面，处处颜色、深浅都毫无差别，这只能是个空白的画面。相反，一张洁白的画纸，作为画面，可以看作完全空洞无形的空间，一旦涂上一个极小的黑点，哪怕是极浅的灰色，也立刻和白纸形成一种对比关系，为视觉所感知，它还能暗示着空间的分割。

绘画之所以能在平面上构成可视的形影，就是依靠这种强弱不同的对比关系。

下面将"对比"归纳为下列几个方面：

（1）形的对比：

形的对比，包括物象与物象之间，物象与空间的对比，图形与图形之间的对比。

形的对比大体上有大小、方圆、繁简等不同形式，诸如长短、高低、宽窄、肥瘦的因素，可形成大与小的对比关系。

在多数以圆作为环境的形象中，方形就容易突出。反之以方为主的环境中，圆形就容易突出（图2-18）。

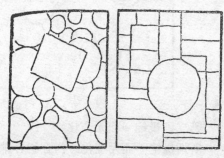

图 2-18

（2）线的对比：

线是表现形的重要的手段，所以和形的对比情况相同。譬如形的方和圆，就包含着线的直与曲；形的大与小就包含着线的长与短，形的刚与柔也无非是以线的直与曲来体现的。

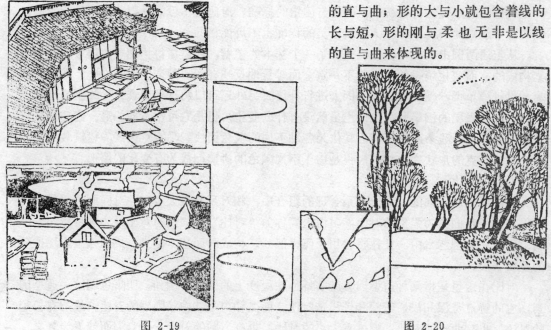

图 2-19   图 2-20

线在构图中有一种极其重要的特殊应用，那就是剪影式的外轮廓线。事实上这往往是一条意识中的线条，它并不一定存在画面，在大多数情况下是一条归纳形体的线条，也可说是若干形体并置的外像剪影，这种剪影式的外轮廓线，将决定整个画面最最基本的结构形式，作为画面的基本骨架，它在画面上的分割作用，成为整个画面最基本的对比，通常所说的S形，V形等构图形式（图2-19、20），多是根据这条外轮廓线而定的。或者反过来说，在构图的过程中，这条外轮廓线是按照画者的意图，分别趋向这种简洁、概括的形来调整的，这对于大型复杂的构图尤为重要。由此可见，外轮廓线产生的对比关系在构图中是有着特殊意义的课题。

（3）主与次的对比：

主与次的对比关系，并不一定以形的大小为转移，它取决于所处画面的位置与周围环境的关系、形象的繁简、外形（外轮廓）的清晰程度，以及所表现的细节的重要程度，充分程度等等，如（图2-21）主要物体在形上作方圆的对比，而作背景的衬布，黑白花纹对比又十分强烈，从而削弱了主体，为了避免出现这种情况，一般将各种对比，多数集中施加于主体部分，如果客观情况的存在所限，则应有意识地将某些具有破坏性的对比因素减弱，以突出主体。

（三）均衡

均衡是以重量来比喻物象的黑白、色块等在构图分布上的审美合理性。

用天平来比喻是最普通的平衡原理。如（图2-22），以画面中心为支点，左右延伸为力臂，两端为力点，则：如果力臂等长，两端重量相同，就必定平衡；如果一方重量增加一倍，但该方力臂缩短一倍或他方力臂延伸一倍，也能取得平衡，即重量与力臂成反比。在构图中没有力臂，无非是指物象与画面中心的距离（图2-23）。上述是构图均衡的最基本的平衡道理。

图 2-21

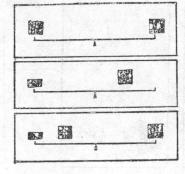
图 2-22

图 2-23

用天平从力臂和重量方面解说，仅仅是一种比喻，对于构图来说并不十分科学、贴切，因为它只涉及到重量与左右距离的关系，不存在上下、高低的问题，正如称砣悬索的长短一般不影响其平衡关系。而构图不止于此，它除了要解决左右分布状况，同时也要解决上下分布状况。如（图2-24），从左右距离看，可以说是平衡的，但从整个画面空间的分布看，却并不恰当、上下偏高或偏低。上下分布的关系虽然类似左右分布的关系，但仅使用平衡来解释是不完善的，所以构图学中统称合理的布局为"均衡"。而平衡只能指左右，"均衡"则指上下左右前后等三度空间的合理布局。所以，我们要求的均衡并非能以机械的方式来计算，"均衡"应是艺术原则上的"均衡"，建立在多样统一上的"均衡"

感觉上的均衡。

均衡大致可分为两种样式：一是对称式"均衡"一是非对称式均衡。

对称式均衡

对称式均衡属于等量平衡，即物象在左右两侧的大小数量相同，作对应状分布，并且与中央距离间隔相等。这是最易理解的均衡形式，通常称为对称。象中国传统厅堂布置格局，中堂画两侧为对联；条案上掸瓶、镜屏成对；八仙桌两侧是一对太师椅，等等所有设备无不成双分列左右。又如中国古代宫殿庙宇建筑群，主要沿中轴线南北纵深发展，对称布局方式。北京的故宫便是一例。

非对称式均衡

对称可以说是均衡中的一种特殊形式，大量经常应用的均衡形式，是多变的非对称形式。非对称式的均衡，是指左右（上下）相应的物象一方，以若干物象换置，使各个物象的量和力臂之积，左右相等，所以也称"代替平衡"。图2-25左侧所有的苹果合起来的重量不及瓷瓶，所以瓷瓶离中央还近一些，方能感觉到平衡。即是视觉感觉上的平衡。

凡属造型艺术所讲的均衡，都是感觉上的均衡，因为造型艺术属视觉艺术，在均衡中所谓重量不是物理意义上的存在重量，而纯属心理意义上的重量，画面具体形象的轻重，已不是生活中物象的实际重量，而是由转化为绘画表现因素的线条，色块的分布状况来决定的。如图2-26左侧人群理应在份量上比右侧少数人为重，但是这幅构图自然感觉均衡，是因为它的轻重是以人物在构图中所占的面积和离观者近的位置来决定的。如果把它抽象为（图2-27）的图纹线及色块的情况与具体物象相比较，均衡的原理是相同的。

又如：在暗色背景前，明度与面积成反比，如（图2-28），色块面积小的与背景明暗反差大，色块大的与背景的明暗反差小，两者可以取得均衡。

图 2-24

图 2-25

图 2-26

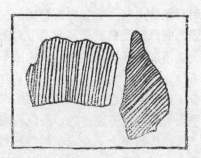

图 2-27

图 2-28

（四）节奏

每一件绘画作品，它的基本表现因素中的形、线、色块、都有着不同程度的大小、长短、方圆、曲直、粗细、疏密、轻重、浓淡等变化，这些不同程度的变化在画面上的安排，即不能杂乱无章、又不能单调、呆板，必须具有审美价值的和谐统一。

构图形式的变化在组织安排中，存在着是否符合审美要求的问题。为了讲清这个问题，我们借用其它艺术门类进行比喻、解释。"节奏"和"韵律"就是借用音乐和诗歌的术语来比喻构图中这种审美的意义的。

节奏，是音乐里音响运动的轻重缓急的秩序。韵律，是诗歌吟唱的轻重缓急的秩序，一首乐曲的构成，主要是旋律，也就是若干乐音有组织地进行。各音的长短、强弱不同，形成节奏，各音的高低不同而形成旋律线，而节奏是旋律的骨干。如果我们置身在一个繁杂的市场，虽然有众多强弱不同，长短有别的声音，因为没有秩序，只能是一片嘈杂；既使是乐器发出的乐音，如果处在演出之前的校音对弦状态时，同样是一片混乱。在造型艺术中，各种形象表现因素的任意堆积，并不能成为意想中的构图，而只能是杂乱无章，使视觉无所适从。既便是强调自然情趣，而兴泼墨挥洒之作，也需要具备一定的实践经验，因势利导地加以补充完善。

另一种情况是节奏过份简化。简单的节奏虽然有严肃庄重的特点，但终究失之于单调和呆板。钟表滴嗒声，火车行驶时的重复震动声，乏味而催人入睡。造型艺术中的形象表现因素，如同样大小、相等距反复，即是这类效果。它除了在图案中作为花纹或肌理使用外，为一般构图所不取。

节奏是指各个对比矛盾相互之间的变化秩序，对比矛盾在音乐里只有两种，音的强度和长短，借用到造型艺术中范围就广得多。诸如：大小、长短、方圆、曲直、疏密、浓淡、刚柔、虚实、及至动静、顺逆等，凡是对比程度不同的秩序，都属于节奏。现以图形列举如下：

（图2-29）深浅的节奏变化

（图2-30）弧形线段大小的节奏变化

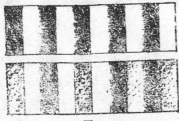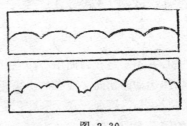

图 2-29　　　　　　　　　　图 2-30

（图2-31）线段长短排列的节奏变化

（图2-32）空间分割，既是形的大小节奏变化，也是疏密的节奏变化

一个完整的节奏秩序，如同一篇文章，应该有开始，有结尾、有铺垫、有高潮、可以开门见山，但不是直出直入；可以步步引人入胜，但不是累赘的重复。

一般画面的高潮，在于视觉中心，是节奏变化最强的部位，视觉中心并不一定是画面中央，而是指视觉上最有情趣的部位，也可称为趣味中心。画面中的其它部分应为这一中心服务。即引导观众的视线，逐渐趋向这一中心。"逐渐趋向"，就是使视线移动的过程中有一定的延续，从而增加视觉审美趣味，免于枯躁单调。

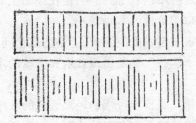

图 2-31

图 2-32

图 2-33

视觉中心并不一定在画面中心，它有向心力的感觉，往往由于透视的引向，强烈的黑白对比，物体运动的朝向，观者的视线便会不自觉地跟随着形体、线条、色块的构图处理最后引向视觉中心。譬如，意大利文艺复兴时期杰出画家达·芬奇的《最后的晚餐》即是一个很好的例子（图2-33）。

综合本章提到的对比、均衡、节奏、这些法则都是互相牵制、交替或掺杂应用的，它们之间互为补充，彼此渗透。在构图运用上根据不同的表现对象和表现意图，有选择、有侧重。总的目的是求得变化统一，使复杂的形象、表现因素达到符合审美要求的组合，成为协调的整体，形成千变万化各不相同的构图格局。

第三节　素描的基本方法

"素描"就是"素色描绘"和"朴素的描写"的意思。一般是指用铅笔、炭铅、木炭条、炭精条、钢笔、毛笔等较为单纯的工具和单一的色彩在纸面上所作的绘画。本章介绍的方法主要是以铅笔素描训练为主。

一、形象的表现语言

素描作画，无论其内容形式如何，均离不开线条、色调这两个基本表现语言，尤其线条是重要因素。首先，素描作品可以只用线条画成；其次，色调本身也是由线条的排列组合或把线条加宽（宽线条）而成的。因此，提高线条的运用技巧和表现力，是提高素描水平的重要方面。下面，就线条和色调的构成原理分别说明。

（一）线条

客观上讲，任何物象，本身是严密的整体，分离不出任何一条单独存在的线条，但是，从视觉上讲，当我们在某一角度观察一个立体物象时，处于该物象形体外轮廓部位的体面由于透视的原因，在视觉上就缩减成了一条较细的线，这就是我们所说的"边缘线"，或称"外轮廓线"。在形体两个面的转折处或交界处，我们也会看到一条明显的"线"——结构线，如桌子上的棱角线等，这种结构线又称为"内轮廓线"。形体的外轮廓线和主要结构线是素描中线条语言的客观依据。换句话说，素描线条的构成主要取决于形体的外轮廓线和主要结构线。因此，在素描中只用单线条也能较正确地表现出形体的主要特征。另一方面，线条的构成也受画者对客观形象的主观感觉、印象、理解和审美趣味等因素的影响和制约。素描中的线条既体现客观形象的主要特征，又可以表现作者的感受和艺术特点等。概括地讲，客观形象的特征和主观表现的结合，是素描线条的构成原理。

（二）色调

形体在一定光线照射下，其物质"固有色"的深浅，明暗变化，质感，空间色等等组成丰富的色调层次，这些是素描中色调语言的客观依据。运用细腻色调造型的表现语言比只用单线条更能全面而深入地刻画形体的形、色、体、质感，空间关系等特征，其效果也就更接近于自然形象。但是，画者也可根据自己对形体的感受，强调或简略客观特征的某些因素而不求其全，以利于艺术表现的生动性。因此，素描中的色调语言也是主客观因素相结合的产物。

在素描作画中，我们可以只用线条作画，也可以只用色调表现形象，还可以把线条和色调结合起来写景状物。

对于初学者，应当首先学会用线条表现形象，即学会用线条画准确轮廓及把握比例透视关系。在初阶段，也要表现形体的明暗、色调的深浅，但只是为了帮助观察、理解形体的轮廓和结构特征。初学者有了一定把握之后，可以着重训练深入细腻地表现形体的色调层次，为全面塑造形象奠定基本功。

素描训练的后期，从形式上看，往往复用以线条为主的造型方法，但是其线条的应用比初学时成熟，准确、简练、生动，更富于艺术内容和美感。

二、观察能力和观察方法

观察能力属于感觉能力的范畴。但是，感觉能力在很大程度上受观察能力的制约。因此，要想提高自己的感觉能力，必须从培养观察能力入手。在素描练习中，应当始终把培养观察能力放在首位，使之敏锐、准确、深刻。

要提高观察能力，必须有意识进行训练。训练可以不受时间和地点的限制，随时随地用绘画的眼光观察和分析自然界的一切可视形象，学会比较和鉴别，领会不同形象的特征，加深理解和记忆。养成习惯，久而久之必有大益。如果能够经常将观察到的印象的形象进行回忆默写，就更是好的学习方法。

在素描写生练习中，石膏体和静物是相对静止不动的，便于初学者培养观察能力。在作画前，应充分地观察、分析形象的特征。不仅要定点观察，而且应该移动自己的位置，从各个角度全面地观察，尽量使自己通过全面的观察，对形象的主要特征心中有数，有一个完整的形象，既使不看，也可以大致画出其基本特征。

要坚持多看，多分析，不断深化和理解的程度。即画则求准。如果感觉画面有不合适的地方，又不知错在何处，或者不明确如何去画，此时也不可浮躁，不应无目的地盲目作画，应将画面与对象作全面比较，检查，从中找出问题所在，这也就是观察。同时也可以离开位置，距画幅一定距离，便于从大处着眼观察检查画面，以利于找出画面存在的问题。

随着有意识观察训练的不断提高，观察就会从不自觉上升到自觉地、科学地观察，成熟的观察能力是表现自然形象的标志。

科学的观察方法是从研究物体的特征，即形体结构的存在方式这一根本点出发的。主张整体地、有机联系地、本质地观察形象。

整体地观察是观察方法的核心。任何客观存在的形体形象均是由各个局部组成的一个整体，整体离不开各局部，局部受整体的制约。它们是辩证统一的关系。看不出整体特征，局部特征也会失去存在意义。局部特征不协调，也会影响整体形象。任何形象的根本特征是由整体全貌决定的。局部特征是从属地位的。关键在于画好整体特征。对于初学者整体难以把握，而局部且容易顾及。在素描中，做到"始终从整体出发观察和刻画形象，始终使局部服从整体，表现局部是为了更充分地表现整体"不是一件易事，初学者，往往容易只盯住局部的因素，死抠局部，忽略了整体特征，这是因为，作画只能一笔一笔的画，下笔是从局部下笔直到画完，客观上也就容易习惯于局部观察，以至造成画面比例失调，透视不统一，色调花乱，主要结构特征不明确等等。解决好整体关系在于先端正观察方法，下面介绍观察的基本方法。

（一）把握整体特征

看一物时，首先看到的应是形象全貌的主要特征和印象，正如格式塔心理学派之观点："视觉不是对形象元素的机械复制，而是对形象结构样式的整体把握"。即使我们在较远的地方看到向你走来的熟人，你虽然看不清他的局部形状（如鼻子、眼睛、嘴等），但是仅凭着你对他的特征印象，已经判断出这是谁，这时你到底看到了什么？就是看到了他的形象的基本特征——整体特征。我们在素描写生时，最初观察到的应该如此。

（二）比较的观察

应用比较的方法，是在加深对形象整体特征印象的基础上，对各个局部及局部与整体间进行比较斟酌，只有通过比较才能将各局部因素找准确，使各局部的表现因素有机地联系起来，构成有机的整体，没有比较，观察是零散的，易造成局部孤立的印象，对局部形状的认识就不可能准确，而产生对局部形状感受的错觉，我们必须意识到仅仅是孤立的局部形状，不能成其为形象，没有比较所作画面会支离破碎，甚至只能是局部形状的排列。

比较是结构、位置、比例的比较。色调关系的比较，无非是要用线条、色调来体现的。比如你要确定这条线的长短、位置，就应与另外的线条长短，位置结构关系比较，以确定这条线在画面的位置和长度。你要确定这块体面的色调关系有多深浅，就应与其它体面的色调进行比较。你要确定这个局部处于整体中的适当关系中，就应与整体比较，以找出它在整体中的相应位置。要得出形象准确的写生素描，就应将画面与所表现的对象进行反复不断的比较，直至完成，绘画的每一种表现因素就是通过这样相互比较找准确的，准确的形象是在比较斟酌中诞生的。

（三）理解地观察

任何形象的表面现象，都是以形象的本质因素决定的，现象只是本质的反映，不理解事物的本质，往往会被多变的表面现象所迷惑。如：一件立方体其本质结构是一定的，它在不同的光线和环境色光的影响下，会呈现出不同的光影色调，尽管光色有千变万化，其本质结构是不变的，它还是一个立方体，这是一个简单例子。其它复杂的形体即是这个道理。在处理复杂形体时，初学者往往会因为对本质形体结构理解不到，容易只看表面，只描绘那些光影色调，使形体的实质从根本上被削弱了，如画一件瓷体，由于对形体本身空间结构关系的忽略，很可能无休止地去描摹瓷表面的环境反射光影，众多的高光点，和表面固有色，结果没抓住表现的关键，搞的又花又乱，却无体感而言。所以，对于素描造型规律中的诸要素尤其是形体结构原理以及形体受光照所产生的明暗规律，在素描训练中应加深理解，以便对形象的观察本质化，对形象的表现本质化，这即是素描训练中要达到的基本目的之一。

综上所述端正了观察方法勤于实践，逐步提高观察能力的同时可以从中改善整体意识。整个素描训练中造就的整体意识是一种审美意识，它包含了对形体整体特征、整体效果、整体气韵、趣味、环境等方面的感受能力和表现意识，体现出画者或建筑师的艺术素质。

三、素描作画要领、步骤及工具材料

（一）画者与写生对象的距离

作画时，画者与被画的形象应保持适当的距离，过近则无法视其全貌，过远会看不清楚细部。一般说来，画者与被画的形象的距离是被画形象高度的两倍到四倍间较适宜，便于观察整体和清晰地观察所画的形象。

（二）作画姿式

首先，自己的画板不要遮挡被画形象，以便于随时观察对象，画板与对象在同视点不超过60°范围为好。

再者，画者眼睛与画幅也应保持一定距离，以便于全面观察比较出画面的效果，其距离以自然伸出手臂，画笔能接触到画面为宜。同时，眼睛与画幅应保持垂直关系，即眼睛到画幅中部的视线与画幅垂直成角，否则画幅因与视点角度太大或太小，而造成仰视或俯视的角度，便会使画幅本身出现透视变形的视觉，影响画准形象。

（三）握笔姿势

手的握笔姿势关系到对画笔应用的灵活性，运笔范围以减少手对视线的遮挡为原则。

在用直线条打轮廓或画大面积的色调时，笔杆应置于掌前，由拇指、食指和中指捏笔，笔尖和手指应有二寸左右的距离，作画时，笔杆和画面一般情况下保持45°左右为宜，手掌和腕部不要接触画面。

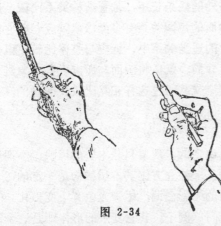

图 2-34

在用短线条着重刻画某一细微局部形象时，握笔姿势亦可同于用铅笔写字的状态（图2-34）。

（四）运笔要领

应用正确的握笔姿势，依靠手腕和手指的灵活运笔和手腕的力量带动画笔作画，这样便能画出生动灵活、气力贯通、虚实有秩、刚柔兼备的效果。在画长线条时也应挥动手臂，使线条自如地着于画面，不涩不滑，气韵生动。切忌用手指死死地捏紧笔，那样画出的线条会呈现呆板、滞涩、琐碎，显得很不流畅。

（五）素描工具材料的使用

铅笔的使用有B型和H型，共有12种型号。B型铅笔属于软铅笔，笔芯较粗、较软、色较深，以"6B"为最。"H"型铅笔属于硬铅笔，笔芯较细、较硬、色较浅，以"6H"为最。

画一幅铅笔素描习作，选择哪一种或哪几种铅笔，要由所画对象的特点和表现的要求而定。画石膏的形象，石膏固有色质明亮，质感较硬，选择铅笔就应当偏硬，偏浅，最软可选择到"2B"，最硬的可选择到"3H"或"4H"。用"HB""B"，"2B"画暗面和颜色最深的部位，用"2H"到"4H"画最亮的部位。画一组黑白灰差距较大的，质感也有较大区别的静物，可选择"4B"到"H"等几种铅笔。

在同一幅素描习作中，对使用的铅笔其硬软的程度不要过大，以免色调花乱，画面不统一；也不要只使用一种铅笔，以免色调单一而画面不丰富，用同一种铅笔所画线条有粗有细，产生轻重变化的效果。时间较长的素描习作往往需要使用较细的线条，尤其在刻画明暗色调和细腻的质感特征时更是如此。因为这种细线条的排列组合可以形成均匀的色调，能够和整体形象融合一体，线条过粗会形成色调虚浮于画面。当然为了体现虚实关系，适当应用粗线条是可以的，有时为了达到衬托主体，实体的良好作用，粗线条与细线条的色调又会形成对比的艺术效果。

在涂大面积的色调时，每一根线条用力要均匀，不可以两头浅中间深，或两头深中间浅及一头深一头浅，颜色深浅应一致，否则线条会漂、滑、浮，无助于对形体的表现。特别是线条的间隙不要疏密无章，线条的排列也可以交叉，但要有一定的规律，一般为锐角交叉。

在铅笔素描中，为了使色调均匀柔和，有的画者喜欢用手指或"纸笔"在画面上擦抹，这种习惯不可取，擦抹后的画面不仅易脏，而且形体不坚实。

打轮廓时应先用软硬适中的"HB"铅笔，有利于修改，也便于进一步对形体的刻画，在涂大体明暗时用较软的铅笔作为底色，画到一定的程度再用较硬的铅笔深入细致地刻画，使软硬不同的铅笔线条相互交融，色调丰富并不浮躁，明暗强剧又很具体。反之先用硬铅笔涂大体的色调，再加上软铅笔的线条，则软铅笔的线条会浮在硬铅笔线条之上，产生硬铅笔线条光滑，使软铅笔线条在上面打滑，而难以融合，使画面达不到预想的效果。

炭笔的使用：

炭笔，包括炭铅笔、炭精条、木炭条等，均没有软硬之分，主要性能是比铅笔软，颜色比铅笔深，颗粒较粗，无光泽。而其中以木炭的质地最为松软，附着力最差，画完后必须用固定液喷洒在画面，以保证画面持久。

炭笔素描用纸应有一定的绵性，不宜用光面纸，只要用对炭笔粉有附着力的纸就行。

削炭铅笔和炭精条时，可削成圆锥形笔尖、也可削成扁平鸭嘴形，使用时放平涂时可以画出较宽的线面，直立使用时可画出较细的线，用起来很方便。

由于炭笔的颗粒较粗，为了表达某种效果可以用"纸笔"或手指擦抹，但不可到处都用，要预先估计好涂抹后的效果，并注意不要将画面弄脏，做到有选择地慎用。

修改用炭笔画成的画面，不易用橡皮去擦，可用干净柔软的棉布或不带油性的面包、馒头，也可用软橡皮轻轻沾掉。

素描纸张的使用：

素描用纸品种繁多，除普通素描纸和绘图纸外，其它各种纸张根据需要亦可选用。如上等的版纸的坚硬表面到无光滑的、粗糙的、有纹理的，以及吸水性能较好的各种不同质地的纸张，用不同的绘画工具，使用得当，会取得不同的趣味效果。画的时间较长的素描，由于要深入刻画，反复修改，以质地坚硬有纹理的纸张为好，橡皮擦过后不会起毛。至于短时间所画素描，选用一般普遍画纸即可。画速写用价廉的白报纸、书写纸作一般练习，用纸不必讲究。若画钢笔写生基本上用上述所说的纸张均可。而以钢笔速写练习时，选用有吸水性能不同的纸张，可产生有趣的效果。

画板、画夹的使用：

素描作画用画板或画夹有大、中、小号之分，可根据需要选用，在室内作画的画板，板面平整而有一定的硬度，对固定画纸较牢固、适合于长时间画素描。画夹可用于在室外写生时作短期作业，画夹上面有背带，便于携带，夹层可以存放画纸和画幅及绘画工具。

无论是使用铅笔、炭笔或是钢笔作画，垫在画板、画夹与画纸间的衬垫不能忽视，因为在木质的画板或布面的画夹贴上画纸去画，运笔不会流畅，若在画板或画夹上垫上适量的纸张，笔触才会清晰、饱和。

炭笔的表现性能不低于铅笔，甚至比铅笔更易表现出真实，生动的艺术效果，只是由于不易修改，初学者应慎用、少用，待使用铅笔作画较熟练时才更有把握用炭笔作画，不过当自学者具有一定的铅笔作画的基础时，也可用。

（六）作画基本步骤

素描习作大体可分为四个阶段：

即画前准备，打轮廓，深入刻画和整理完成。

画前准备，大体包括观察形象，体会形象特征，选择和确定作画角度，选择和准备作画工具，构思画面构图等几项内容。画前准备工作做的充分，可以保证作画过程的顺利进行和少走弯路。

打轮廓的任务是满幅确定构图，用概括的直线勾画出形象的大体结构特征，找准"点""线""面"的比例和透视关系，涂上基本的明暗，使形象初具较准确的空间关系和基本形体。

深入刻画的阶段是在充分地表现形体明暗色调的同时，进一步修正形体使之更准确，深入描绘形象的体面关系、空间关系、质感特征。从整体到局部，再从局部到整体，全面地深入比较，基本上使画面完整。

整理完成主要是从整体艺术效果考虑，做各局部的调整，润色，突出主体特征，斟酌整体的需要，表现好虚实强弱、明确色调层次，使素描有鲜明的第一印象。

实践表明，这四个步骤不应机械地分开，四个步骤是大体归纳，不应死搬教条，例如，准备阶段的观察和体会，从形体结构和美感出发，应贯穿于作画全过程，在打轮廓阶段可以而且应该涂一些色调，以帮助观察、分析形象的点、线、面的比例关系与透视关系、明确大体明暗，深化对形体结构的认识，打轮廓的深入也是深入刻画的开始。

在深入刻画，甚至在整理完成的阶段中，也还会经常不断地发现并需纠正打轮廓阶段遗留下的形不准的错误。所以素描过程每个阶段是相互补充，不断发现，在比较中深化完成的。

（七）素描的艺术性

素描训练是培养造型艺术的基础能力，素描习作是依据自然物象进行的，要求我们不但要认识客观形象，而且要善于表现，它所遵循的造形规律、表现方法，实现了素描的艺术性，违背了这些规律和方法，素描训练就会走弯路。忽略了形体结构规律，则无法理解物象的本质特征，必然会失去把握其本质特征的自觉性和能动性，容易陷入抄袭自然表象的被动局面。

比如我们表现树木，树木的枝叶有无数，但是我们绝对没有必要把每一条枝，每一片叶都画出来，而是要通过观察它们的自然现象，理解其生长规律，结构特征，空间层次，抓住其主要特征，其余加以概括。概括是表现艺术的一个原则，没有概括就谈不上艺术，应用概括的手法，使画者以尽量少的语言表达丰富的内容。我们画的树，并非纯自然的树，而是绘画特性的树，纯视觉感觉的树，它没有实在的空间氛围，但它应有一个特定角度的视觉感受的空间氛围，所以它源于自然，又不似自然却应胜似自然，要比自然更集中、更典型，更理想、更富于感染力，由于这些是艺术表现中可以实现的，所以艺术美比起现实美，是更高形态的美。现实生活中的美是分散的，纵然色彩缤纷，千姿百态，但它们处于自然状态，彼此分散、孤立，缺乏内在的联系，并不是一种自为的协调整体。需我们通过艺术造型的规律有意识地加以选择和协调、整理、组织、概括。

又如，在室外写生时，太阳光线在不断移动，环境光交相辉映，使所表现物象的明暗调子千差万别，细微的变化难以捉摸，我们不可能把这些一一表现，而只能从整体特征入手表现其大体明暗关系使之相对正确，而摒弃无助于形体结构的琐碎繁复的因素。

在素描表现规律中的所谓"三大面""五大调"之说即是对物体受光照产生的色调关系的概括结果。

素描作为艺术表现手法，与其它艺术表现同样是为了表达对形象的总体，主要感受，哪些形象或哪个形象最能表达你对它的感受。这就依靠选择。

素描作画过程中，选择是从观察就开始的，对某一组物体的角度的选择（也即构图选择），对自然环境中某一处景色的选择，对构图范围内物象的表现因素的取舍等等，这些是素描表现中不可忽视的应遵循的原则。

当我们所表现的对象是以建筑为主体，树木、街景、人物、车辆等作为陪衬、作为气氛的渲染，除此外你的视线范围内的构图中有桩高大的电线杆，或在前景中有一段废墟中的铁丝网，如果在移动视点还免不了把这些因素排除在构图之外的话，你就应该应用取舍的方法把它们移出画外。自然中的形象总不可能是尽善尽美的，通过画者主观的审美能动性，加以选择概括表现为艺术的形象，这也正是素描训练的过程。值得告诫的是，选择概括决不可以违背对自然形象真实感受的随心所欲的臆造，要遵循美的原则，依靠自然美去创造艺术美。

第四节 几何石膏体和静物写生

一、几何石膏体

自然界的一切形体，无论是简单还是复杂，只要它是立体的，都必须是由前后左右上下六个方向不同的基本面组成。在各种形体中，立方体的六面体形象最为规范、单纯、明确，因此也就最为典型。对立方体的研究和表现也具有以简代繁的特殊意义。

（一）对立方体的研究

（1）全面观察一个立方体，可以看到，立方体由六个面积相同，方向不同的平面构成，每一面到相邻一个面都是以相同的角度（90°）进行转折的，并在转折处有一条鲜明的棱角线（或称结构线），其长度相等，这样的棱角线在立方体上共有十二条；三个邻近面及棱角线相会处构成一个突出的尖角（或称高点），在立方体上，这样的高点共有八个。总之，立方体的点、线、面十分清楚。这就是立方体的外观特征，这些特征相互制约相互因果。

在定点观察一个立方体时，最多只能看到它的三个面，一般说来是一个上面、一个正面和一个侧面，而看不到它的底面、背面和背侧面。定点观察任何形体形象也最多只能看到这样的三个基本面，只是不如立方体鲜明单纯而呈复杂状态而已。正因为如此，在观察复杂形体时，要用分析立方体的构成方式，研究其三大面的最基本状态，这样才能更好地理解它们的形体本质特征，这是立方体所体现的最重要的典型性。

（2）立方体的视觉形象明确清晰地体现了透视规律，具有充分的说服力，所以，人们在讲解透视现象时往往以立方体的透视变化规律为例证，在分析复杂的透视关系时，也往往用分析立方体的方式进行研究。

（3）在一定光线照射下，立方体呈现的明面、灰面、暗面和投影、明暗交界线及其整体所体现的明暗五调子均十分明确和典型。

（4）由于立方体的体面形象明确，人们容易看出它在空间中的前后位置关系，这对加深理解形体的空间关系和立方体面特征有举一反三的作用。

（5）由于立方体的形象简单明确，色调关系明显规范，通过对立方体的写生训练，容易获得观察分析形体的经验，掌握刻画体面形象和涂明暗色调的基本技能，为表现较复杂的形象打下基础。进行立方体的素描训练不仅是为了画好一个立方体，而且是为了取得一把进入素描艺术之门的钥匙。

（二）圆球体的特性

如果说立方体的结构最为典型，那么，圆球体的结构则最为特殊，原因是它把六大面化成了无数的小面，并以同样的弧度进行转折和联结，从而使圆球体上的各个点都处于同等的高点位置，也就不存在特定的棱角线（或称结构线）。除了外轮廓线以外，圆球体的点、线、面形象含混不清，呈现模糊状态而最难观察。由于以上特点，圆球体的透视现象也就最不明显，明暗色调的变化和过渡也最为微妙，想画准它的空间关系和立体特征也就最为困难。

特殊性也可以说是一种典型性，很多复杂形体都存在圆球体的构成因素，学习对圆球体的观察和描绘同样具有举一反三的作用。

（三）对其它几何形体的造型认识

除立方体、圆球体外，石膏几何模型还有方锥体、圆锥体、圆柱体及圆锥体和圆柱体组合的形体等等。在刻画这些形体之前应当对它们进行方、圆等基本构成因素的分析，找出形体各部分主要的点、线、面之间的内在联系，从而加深对它们本质状态的理解（图2-35）。

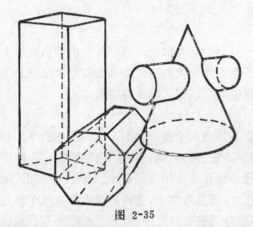

图 2-35

（四）立方体、圆球体的视觉美感

立方体、圆球体不仅是形体结构自然形态的基本形式，也体现着两种最基本的视觉美感和气质。

立方体方方正正、见棱见角、磊落鲜明，具有外向型的阳刚之气，似有扩张性动势，体现出一种稳定、坚强力度的男性气质美感。

圆球体圆润柔和，不见棱角，神秘莫测，具有内向型的含蓄高雅之气，似有收缩性的动势，体现出一种秀丽安祥的具有温柔的女性气质美感。

人们知道，没有规矩不能成方圆，所谓"方圆"，不仅指造型，也可以理解为上面所谈的两种美感，并以此概括为作画的一种规律。在写生时，不论表现任何形象，都要既认识其形又要感受其美，几何形体虽然造型简单，从规矩来说，也不例外。只有理解了这个道理，才可以激发作画的热情。

（五）方法步骤

（1）准备画板、铅笔、纸、橡皮和画架等素描工具，做画前准备工作。

如果多人同画一组形象，在选择作画位置时应互相关照，合理利用画室空间。在摆放画架画板时，画板的侧向应和被画形象成放射形，以尽量避免画板遮挡自己或影响他人的视线。

（2）打轮廓

用"HB"或"B"铅笔，上、下、左、右各画上一笔轻线条以确定形体在画面上的大体位置，注意形体在构图上下不要画的过大或过小，过于偏上、偏下或过于偏向一方。在此前提下，出现投影的一侧应适当宽于另一侧，以求得视觉上的平衡。

确定较理想的构图之后，着眼点应放在画准形体的轮廓上，可以用"HB"或"B"

铅笔的较轻的直线条寻找大约轮廓，称为"约形"。在约形时，着眼点应放在寻找和确定形体的主要高点（或称端点）的位置关系上，只有把这些高点的位置画准，才能画准它们之间的线，进而画准形体体面关系。关键的点的位置画错，则其比例、透视、体面关系等等一切都不能正确，这就是"以点带线，以线带面"的画法。

在画立方体、三角体等见棱见角的形体时，尤其要用"以点带线，以线带面"的方法提纲挈领。

圆球体的轮廓不见棱角，打轮廓时，也应上一笔，下一笔、左一笔、右一笔地约出构图位置。先把它理解成一个正方形体，逐渐把其四个角直线成多面体削圆，直至形成圆形轮廓。最好不要顺着圆的边缘线一次画成，这样画很难画圆，线条也容易画的呆板。画圆的轮廓除画准其外轮廓外，其明暗交界线也很重要，它是圆球体重要的内轮廓形象。

在画几何形体组合形象时，一定要避免孤立地作画，要把组合形象理解成一个整体。构图和打轮廓的最上一笔应是组合形体的最上一点，最下一笔应是组合形体的最下一点，左一笔右一笔亦然，然后再依次确定出各形体在构图中的位置。

打轮廓时，为了分析和认识形体特征、透视和各形体之间的位置关系，可以借用一些辅助线。有的辅助线的作用是用推理的方式找出形体背面看不见的结构线，使形体似乎成为透明状态，这样可以更好地理解形象的本质特征，并有利于纠正画面轮廓可能出现的错误；有的辅助线是为了研究形体的透视关系而做的，其目的之一，是为了认识透视的规律，为以后认识复杂形体打下良好的基础；还有一种辅助线是在画组合形体时用以寻找各形体之间的相互位置关系的，这种位置关系包括各主要结构线的距离、倾斜度、垂直关系等等。当然，辅助线应当画得较轻，它们的任务完成之后要用橡皮擦去。

打轮廓阶段是非常重要的，因为它是研究形体特征、透视关系的阶段，是为深入刻画做准备的，应引起高度重视，不可草率地急于涂色调、出效果。

（3）深入刻画

几何形体的轮廓确定后，便可以进入深入刻画的过程，也就是涂明暗色调的过程。涂明暗色调最好由前到后、由深到浅、由主体到背景依次进行。具体地说，应该从明暗交界线的位置向暗面画去。几何形体造型简单，明暗交界线十分鲜明，它往往处于形体前面的棱角上，色调最重，对比最鲜明，从此画起最有利于掌握形体的前后空间关系，有利于为中间色调和亮色调的刻画提供对比标准，因此这是较理想的方法（图2-36）。

涂明暗色调，先用"2B"铅笔以细线条排列画色调最重的地方，用"HB"铅笔画侧光部的灰色调和背景的灰色调，用"2H"铅笔画亮面细微的色调变化，如果暗面重色调画的不均匀，可使用"HB"等较硬一些的铅笔再画一层。

圆球体的深入刻画也应从明暗交界线画起。圆球体的明暗交界线不如立方体鲜明，明暗比较微妙柔和，用明暗交界面一词更为恰当。因此，在描绘它的色调变化时也就必须格外谨慎。画好圆球体的明暗交界线的色调关系，必须思考和观察两个问题：一是圆球体从灰面到暗面，再到反光面是怎样过渡的，应该怎样表现；二是圆球体明暗交界线从中间部位向上、向下其色调是怎样变化的。或者说明暗交界线的空间弧度、纵深度的现象是怎样体现的，应当怎样表现。

圆球体明暗色调的表现难度较大，通过色调关系画出其立体特征，首先应将球体看成是无数的体面关系构成的，尤其是在明暗交界线的周围，以这个观点去寻找其色调的变

图 2-36

化，才更有可能将色调画的充分，使形体造型圆中见方，柔中见刚，从而把圆球体画得结实并更具立体感。

观察一组几何形体，由于形体前后层次关系，有的离光源近，色调对比鲜明，有的离光源较远，色调对比则较弱，应加以区别。深入刻画时，应从离光源较近的形体开始，依次画出各个形体的明暗交界线和暗部的状态，进而画出灰色调（包括背景的灰色调），而不要将一个形体画完后才再画另一个形体。组合几何体是不同几何体组合形成的整体，作画时它们之间的关系只有不断的比较才能画准确，所以作画过程应同时兼顾共同完成，以达到整体美感。

在深入刻画阶段，背景和投影的刻画也很重要。背景应能体现一定深度的空间感，色调应和谐，由于明暗对比效果，与形体亮部交接的背景色调较深，与形体暗部交接的背景较浅，这是一般规律，要根据实际情况恰当应用，不可臆造。

背景是主体的陪衬，应根据主体的需要来表现背景。不可喧宾夺主，不一定把构图中所有背景的空间涂满色调，背景的关系应适当削弱。例如，背景的衬布皱纹等不应画得过分细致。

画投影应和画形体的暗面同时进行，投影应画的相对放松一些，适当透明些。画投影可以显得形体更加具有立体感、空间感，使画面更为丰富。

在深入刻画阶段，不仅要考虑明暗色调的深浅变化，而且也要考虑其虚实或清晰度的变化，使形体表现更具体。

虚实关系有自己的规律：一般情况下，离视点越近形体越实，反之，越远则越虚；离光源越近的形体越实，越远则越虚。另外注意两点：在外轮廓和背景的清晰度关系中，处于形体最亮和最暗的部位其轮廓线较实，处于灰色调部位的轮廓线较虚。对投影来说，接近形体部位的投影轮廓较实，远则较虚，形体接近光源的部位较实，远则较虚。

处理好虚实关系，同样可以使画面具有空间立体效果，使画面色调更具有丰富的节奏感。

（4）整理完成阶段

从画面大效果出发，做局部色调的调整。在调整过程中，有时要忍痛割爱。例如背景的衬布画得很具体很突出，但会把主体形象削弱。此时应用橡皮加以适当调整，使其达到恰当的程度。画完一幅素描后，写上作者的姓名及作画时间、地点，要把签名也看作构图的一部分。

作业：

正立方体模型写生（光源在石膏模型的右前上方或左前上方，模型投影的长度约等于实物的高度。背景呈灰色调，使其最亮和最暗的色调均在模型形体上）（图2-37）。

图 2-37

二、静物写生

（一）静物写生的意义

所谓静物，一般是指适合于在室内写生的生活用品，如小型家具、文具、炊具、食物、室内装饰品、艺术品、玩具、乐器等等。它与几何形体相比，形象较为复杂，其造型、质感及色彩所产生的美感更为动人。通过对这些静物的写生，可以获得更多的表现技法，积累更多的作画经验。可以说，对待这些静物写生，是艺术面向生活和学会表现生活的开始。

（二）静物组合的原则

第一，体现生活气息，合乎情理。

这是首要的一点。有的静物具有生活气息，给人感觉有一种自然美，同时把它们合乎情理地组合在一起，又能产生一种情调或意味。因此，在选择静物写生时，要有构思，不要把静物的组合造成盲目地拼凑。

第二，有中心，有变化，有对比。

静物放置应该有一个主静物，一般形体较大，也就是要大于从属的静物，它占据构图的主要位置，对构思和色调起"定"的作用。选择从属的静物，其形体要小于主静物，起到搭配的作用，数量上可以是一个或几个。应考虑它们在大小、高低、方圆、深浅及质感上的变化，既不要过于单一，又不能过于杂乱，力求主体突出，主次间有对比变化而又和谐统一。

第三，光线和背景。

光线的采用，一是为了使静物的立体形象更为明显；二是为了增加情调美感。不同的光线可以产生不同的情调。强光可增加形体的光感，用于照射某些豪华静物的组合，给人以金碧辉煌的美感。自然光或平光则产生一种平静安祥的效果。总之，不同的光线对形体可以产生不同的质感效果，有不同美的感受。因此，在静物组合中，选用不同的光，可以多方面培养学生的感受力和表现力。

采用灯光时，要十分注意静物由于光线折射造成的投影，出现在背景的衬布上的投影不要面积过大或太强烈，应把投影当作整体色调关系的一部分加以考虑。

第四，构图的形式美。

不论选用什么样的静物，体现什么样的情调，都和静物的组合有很大的关系，画出较理想的构图。就是静物组合较为理想的构图，体现出构图形式美的一般规律。静物形象比较丰富，是培养学生构图能力和认识构图形式美的开始，应启发学生进行思考。

一般来说，较好的构图必然符合美的规律，这些美的规律对绘画形象所起的作用如下：

①集中而不单调；②稳定而不呆板；③饱满而不滞塞；④活泼而不散乱；⑤有主有次；⑥有远有近；⑦疏密相间；⑧黑白有效；⑨富有动势；⑩不分割画面。

以上各点除"富有动势"外，都是比较容易理解的。所谓"动势"，意思就是尽管静物为静止状态的，但由于人的视觉的心理作用，在某种情况下，静物也会产生某种动的感觉。这种动势感的方向和力度，直接影响着构图的形式美。有如将一把茶壶放置在桌子上，把茶壶嘴所指的方向就是茶壶的动势方向。如果将两把茶壶放置在桌子上，茶壶嘴同朝一个方向，则动势感加强，如果茶壶嘴朝着不同的方向，则又产生不同的动势。又如，将一把水果刀放在桌子上的盘子里，其刀尖所指的方向就富有动势方向；如果将两把水果刀放在一起，同样地对不同的摆法有不同的动势。一个圆罐和一个苹果，如果单看其中任何一个，都不会产生某种方向的动势；倘若把他们放在一起，就会产生某种方向的动势和力度。一般的说，较小物体所处的位置，即是这种物体的动势方向，如果沿着这种指向在较小物体前再放一个更小的物体，这种动势就更强烈，形成一边倒的动势感。如果在相反的方向放一个物体，则会减弱或消除这种动势感，而构成某种动势的平衡。

在静物组合中，背景的衬布也会构成某种动势。衬布呈垂直状，动势最为稳定，如果倾斜状，或它的折纹呈倾斜状，就会形成某种动势并带有方向性。如果这种方向性和静物的动势方向一致，则会加强静物的动势感；反之，则会减弱其动势感，产生某种动势平衡。

以上所述只是静物构图的最基本原则，在实践中应灵活应用。可以说，组织和安排静物的过程就是一种艺术实践，对学习静物写生和提高艺术创作水平十分重要。

（三）静物的质感

静物呈现复杂多样的质感，与单一质感的石膏几何体相比较，其明暗关系、色调关系要复杂得多。在静物写生中，如何更理想地表现物体的结构特征，同时又能体现形体的质感，是需要深入地探讨的课题。

玻璃器皿是透明的，透光性很强，在光线照射下可出现亮光，但产生不了明暗关系，明暗交界线不清楚，其体面、明暗关系都呈非常微妙地变化状态。玻璃器皿色调的深浅变化除高光外，主要取决于玻璃本身厚度的变化，尤其是轮廓位置侧面更为明显。除透明物体外，瓷器和电镀制品的反光性也很强，其色调的明暗关系受环境影响十分复杂，因为其他静物、衬布都会把光反射到这些物体上，往往造成色调很杂乱。另外，对某些松散状态的物体或表面物质不规则的物体，如花束，一件皮毛制品，图纸，一团布等，虽有大体的体面和明暗关系，也会由于这些透明体的影响呈现形体不规则的状态。

以上这些透明的物体，虽然增强了静物写生丰富性和造型的美感，但同时也增加了表现的难度。

（四）静物造型的特点

静物造型的结构一般说来要比几何形体复杂一些，但比景物的结构关系简单的多。静物造型不是呈现球体的倾向，就是方块体的倾向，或者说有的是圆球体的变形系列，有的是方块体的变形系列，或是二者的组合。静物造型的这种特点十分明显。例如苹果、地球仪，不同的陶罐、草帽、茶具等是圆的系列；书籍、椅子、茶几等是方的系列；水果中的香蕉、切成块的西瓜，一本翻开并卷起的书，有方座的台灯，小提琴等等是方圆的组合。

在素描中，面对一组静物，首先要认识它的总体造型特点是怎样的，而不要被它的某些细节变化和质感所迷惑。尤其是打轮廓阶段，应从大体特征出发，首先把大的特征画准，然后再顾及某些细节的形象变化。当然，在画组合静物时，画每一个物体前，首先要确定各个形体之间的比例位置关系和透视关系。

（五）静物写生的步骤和表现技法

静物写生可以用铅笔，也可以用炭笔，但不要用过于松软的木炭，木炭松软不宜画得太细致。

静物的色调跨度较大，在选择铅笔时可适当偏软。可用"H"到"4B"，使用方法和石膏形体素描方法相同。

打轮廓阶段

打轮廓的方法和石膏几何体素描的方法，虽道理相同，但主要是研究构图，组合体相互的位置关系，比例关系、透视关系，及每一个静物的造型结构特征。静物的结构特征，有不少具有左右对称的特点，如花瓶、陶罐等等，可先画出中心垂直线，使左右的各点和中心线相比处于对称状态，否则有可能把形体画歪或失去对称。

深入刻画阶段

静物写生难度集中体现在这一阶段。深入刻画阶段要解决的是表现形体造型和质感的对立统一关系；丰富的局部色调和整体色调的对立统一关系。对这两点，应十分明确，盲目地画，往往陷入被动。

要解决深入刻画的难题，首要的一点是改进观察方法，养成从整体出发观察形象的习惯，不断地顽强地克服总是从局部出发的习惯。这样，才能从五光十色的复杂色调变化中鉴别和提取应着重表现的要点，舍去或减弱某些无关紧要的东西，从而立于主动地位。

在观察中，首先要观察形体的立体特征是怎样通过色调的变化体现出来的。体现形象整体和立体特征的色调关系，是要表现的重点。在这个前提下，要尽可能表现其反光性的质感特点，但这些质感特点的表现只能要求相对真实，不可画得太绝对化，举例说，就象我们不可能在素描线上表现出客观物体上某些刺眼的高光亮度。

表现质感时，可以而且应当有所选择，用某些细节特征的刻画来概括一般，代替其他，没有必要把任何细小的变化一一照抄下来。在素描中，形象结构的本质特征和立体感永远是第一位的。质感则是第二位的。素描允许只表现形体而不表现质感，若只有质感特点而表现不出形体的立体感，达不到素描的目的，而静物则在表现质感时，不应以牺牲形象的整体造型的特点为代价。如画一只苹果，苹果的一边是较深的红色，另一边是较浅的青色，红色正好处于亮面，和处于暗面的青色作对比，色彩深度看起来差不多。作画时把色调真实地画成一样，就会失去苹果立体的特征，这时，宁可舍去或减弱苹果的红色，才能表现苹果的立体感和鲜明感。

除了静物的整体感外，还有静物相互组合的整体关系。表现在静物与衬景的关系上，又构成了更高层次的整体，因此在观察某个形象时，要同时观察它在整体空间、透视、色调中所处的地位，在表现时，要从整体关系出发表现各个形象，而不能从局部孤立的刻画个别的形象。

对静物的观察方法和表现能力，最终要通过素描技法在画面得到检验，正确的观察方法可使素描技法得到有效的发挥。但技法问题又有相对的独立性，对静物写生有着更高的艺术表现力（图2-38、39）。

总之，静物写生其艺术表现力，不外乎涉及以下几个方面的表现手法：

第一，学会用线条造型

运用线条造型，以及画准形象的本质特征，着重表现的是形体的结构关系和透视关系，明暗和质感可以忽略，但不作为表现的重点，因此可以不涂和少涂色调。用线条来表现，可以使我们更好地研究形象的本质特点，提高我们的认识能力。

用线条造型的技法是"以点带线"的打轮廓方法，要把形象的比例关系、前后关系、透视关系画准。线条本身要画得生动有力，刚柔相间和气势贯通的美感，体现出形体在空间关系中的轻重虚实。

第二，掌握全因素素描的表现技法：

所谓全因素素描的表现技法，是一种坚固形体的结构关系、空间关系、明暗色调关系、透视关系、质感关系的表现方法。

静物写生的色调关系是由明暗五调子规律加质感特征和固有色深浅决定的，呈现十分丰富的层次关系。但无论怎样复杂，只要掌握了正确的方法，都可以分清它们的主次关系和层次。首先，要分清最亮和最暗色调的比差，在两比之间逐步确定其它层次的色调关系，做到心中有数，这样就不会把色调画"花"。

图 2-38

图 2-39

在深入刻画时，表现色调的方法有两种：一种是先把重色调画到一定程度，拉开和其它色调的差距和层次关系；一种是先把色调关系初画一遍，由浅入深，逐渐加深色调，并注意保持色调的深浅比差。当重色调画得很充分时，色彩素描也就达到了预期的效果。

对初学者来说，最好采用第二种方法比较容易掌握。

在全因素素描技法中，除了要分清色调的深浅，还要注意色调的虚实关系。虚实关系主要体现在形象的清晰度上，边缘线的清晰度首当其冲。在几何形体写生中已经讲过，距视点、光源近的物体形象较实，反之较虚。画一个浅色的盘子，离作画者近的边缘形象较清楚，较实，远处的边缘线则较虚。如果盘子的后面有一个黑色的罐子，其色调虽然重于盘子，但从整体看其边缘线的清晰度应虚于盘子。这样才能体现二者的前后空间关系。

静物的质感不同，反光性能也不同，周围衬景色调不同，也会在一定程度上影响静物形体的虚实关系。只要进行观察和比较，有明确的作画目的，通过实践积累经验，就会较好地表现出色调的虚实关系。

虚实关系对体现形体的空间关系实质上是突出主体的关系。

第三，对所画形体要有质感

静物写生，表现形体的质感，主要靠笔触、线条和色调的对比变化。例如：表现坚硬光滑的铁器、陶器、玻璃，要有严密的线条、均匀的色调、笔触不要很明显。表现松软的毛制品、棉制品，要用较松散的线条、色调不要过于均匀，色调中要有较鲜明和较琐碎的一些笔触；画绸缎，笔触和色调要有跳跃感，以表现其闪光的特点，但富有跳跃感的笔触和色调的过渡需柔和，以表达其光滑柔软的特点。学习表现不同物体的质感，可以提高表现的技巧，但由于素描工具的局限，要求质感也只是相对而言的。

第四，不要忽视静物写生的整理阶段

整理阶段，是一切绘画所必须做到的最重要的一个环节，其方法和目的与石膏几何体写生相同，此处不再赘述。

第五节　建筑的室内外写生

建筑的室内外写生是与建筑设计直接关系的基础造型训练，它包括：建筑内部、建筑及风景的完整形象和局部形象的写生。

建筑的室内外写生所表现的往往是较大范围的场景，其中基本上以建筑的主体为表现对象，但它绝不是孤立的处于空间中，它必然有着一定的环境气氛，所以，建筑的室内外装饰及室内使用物具、建筑周围的天空、地面、远景、近景、树木、车辆、人物等等，均是画内涉及到的表现内容。尽管这些表现内容与几何形体和静物有着质、量和规模的不同，但是它们的基本造型规律和基本表现方法的道理是同样的（图2-40、41）。当然室内外建筑写生与几何体、静物的特点不同，下面将加以具体分析，以便掌握和适应。

一、室内外写生的基本特点及表现手法

室外写生，与室内写生最大的不同点是光源问题。室内写生时，光源是稳定的人造光（灯光）或者相对稳定的通过门窗射入的非直接照射光，物体的明暗关系处于稳定状态，借助稳定的明暗关系，可以充分地去理解、分析、表现形体的结构特征。而室外写生时，光源主要是直接照射物体的阳光和周围环境的反射光，这些光源处于不稳定状态，时刻不

图 2-40

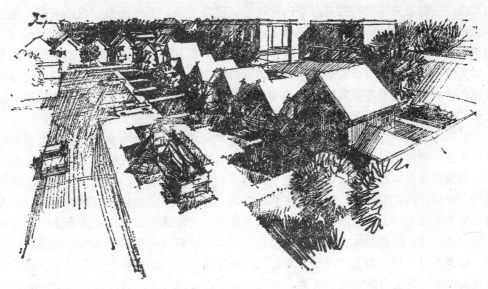

图 2-41

同地发生着变化，随着光源的移动变化，受光照的物体表面的色调也在发生变化，较之室内写生感觉到有些难以适应。尤其是早晚的光线，或天气时阴时晴的光线，亮色变化幅度较大。天空晴朗时，阳光强烈，物体的明暗变化显著，色调丰富明快，物体相互间的反射光也特别明显；可是在阴天就不同了，光线呈散射光，明暗对比较弱；雨天更是朦胧状态，似乎蒙上了一层银灰色的薄纱，别有意味；在雪天，尤其是雪后初晴，物体的垂直面和下面(如屋檐下及房屋的墙体、门窗等)与上面白雪对比之下呈现出较暗的色调，使黑白对比很强烈；雨后的晴天碧空如洗，视线清晰、明朗，物体明净鲜亮，地面呈现出不规则的倒影。

综上所述，无论是一天之内太阳的移动，还是雨、雪、霜、晴，春夏秋冬，随着时空的变幻，室外的物体都是由于光线的变化，而产生了繁复的明暗色调变化。只要我们勤于实践，不断分析其特点，寻找其规律，必然会掌握相应的表现方法。解决好这些问题，可以从下面两方面来谈：

（一）应用记忆的方法，将一定时间内受光照物体的光影特征记住。加之以这个时间内光源方向为依据，和对形体结构的理解来判断光影在物体上的基本状态。或是在最初进行室外写生时，先选择早九点到十一点，下午两点到四点的时间作画，这个时间光线变化趋于相对稳定状态，较容易掌握。尽管上述方法依据光影色调，为形体本质特征的表现起了一个深化和辅助作用，但较之从理解形体结构的方式入手的表现原则，还是被动的，它毕竟在相当程度上受着光影色调的制约。当然有时为了画面的某种有意识追求的效果，在有助于表现形体结构的前提下，可以依明暗关系，以表现出强烈的色调层次，或明确的黑、白、灰关系。或以此追求某种逼真的现实气氛，尤其在画建筑设计表现图时有助于现实气氛的表现。此种素描往往需较长时间的作画过程，过多的去练习，会无形中偏重于光影色调的描绘，而忽略了对形体本质特征的表现，以至难以适应室外光线多变情况下对物体的表现，初学者作为了解可适量练习。

此种素描由于要表现出较为丰富的色调关系、明暗关系，适合于以线面合用的表现方法用线，主要是表现结构关系，即内外轮廓、透视关系，形体的点、线面关系。用面，主要表现一些较小体面的暗面，如房檐下、窗框、门厅及墙体上的凸凹装饰结构，对于大面积的墙体暗部、地面上的投影、墙体上的投影，及其它物体，如树叶团块的暗部等等，色调要慎重些，应着重抓紧形体转折的关键部位，即明确交界面，对于大面积的暗部不可全涂色调，只须在交界面向暗部过渡的地方，向着暗部反光渐淡地稍加润色，使暗部充分透明，也适合暗部的门窗装饰物等的表现。

（二）由于室外写生时光色易变的特点，常常适合于短期的素描作业。表现手法是以线条为主（有时也可稍加些小的暗部），这样的素描不注重表现明暗关系，从观察开始就是以理解形体的本质结构入手的。对于光照下物体的明暗关系，只是作为视觉上的参考，以助于对形体结构的理解。这种表现对画者的要求是："无论光线有什么变化，画者心中的形象其本质特征是不变的。"它的表现方法是："注重用线条来画出形体的外轮廓、内轮廓，点、线、面的结构关系，透视关系。"但是这些线条要概括形体结构进行有效地组织，线条不可以平铺均描，而要注重变化，要应用构图的原理特别注重疏密关系。自然界的任何物象都有着自然的疏密关系，但是它处于待发现状态，只有画者有意识的去观察、分析、加以组织，才有可能成为理想的绘画状态，这个过程不是画者随便臆造的，是在尊重自然形态上的有意识的表现手法。素描的黑、白、灰关系是素描的一个原则，在以素描为主的表现中它正是依靠线条的恰如其分的疏密关系来实现的，失去它画面便失去了表现力。

以线为主的素描中，线条对形象的表现力有着不可忽视的意义。就是对不同特征、不同质地的形象，以相应的线条去表现。中国传统线描中，古人积累了丰富的线描经验，归纳了不同表现力的"十八指"，古人曰："笔以立其形质。"其意思是：运笔的不同方法产生了不同表现力的线条，这些线条不但要表现形体的结构，而且要表现出其质感、量感、空间感。比如：东方佛教绘画中对衣服的用线特点及中国线描中的"衣出水描"的风格，逼真地表现了东方丝绸的飘洒柔软质地。西方的麻纤质地服饰，产生了安格尔式的素描，用线挺直而转折急剧。

无论我们的表现对象是什么，线的关系在画中起着决定性的作用，画中的每根线条，往往很清晰明确地影露着，这些线条组成明确肯定的形象，所以对线条的表现具有一定的功夫，中国传统线描中，对于线条的表现功力，"如屋漏痕，力透纸背"，大意是："所画线条不飘不滑，如下雨时漏水流过墙面的痕迹，感觉上其水迹吃透墙皮而能留得住。画者持笔应气力贯通，墨迹能渗透纸背。"尽管我们使用的是铅笔或钢笔，但是意义是一样的，应汲取前人的经验，领会其道理，不可死搬硬套，应在实践中去体会，去琢磨出适合于自己的表现方法。

二、几种建筑材料的表现方法

在建筑绘画中，对建筑材料不同的质感，不能忽略，它关系到加强对形象的表现力。众多不同的建筑材料，都具有不同形象的质感和不同的特征。这些不同形象的质感和特征就需要在形、线、色块上相应地有不同的表现方法。

譬如，光滑质硬的物体，不适合呆板而柔软的线条，轻飘的云烟，不适合僵直机械的线条，坚硬粗糙的砖石不可以用轻柔流畅的曲线，是由这些不同质地的材料所决定的。它们吸收光和反射光的程度又有区别，会造成物体不同的光色特点，如陶瓷、玻璃与砖石的不同。物体的形状固有色、表面的纹理等等都要采用不同的艺术手法去表现它们不同的质感特征。

归纳下列几种建筑材料的表现方法：

砖：砖的质地坚硬，表面粗糙，画砖墙时，无论形，还是明暗色调，原则上把砖墙的规律性搞清楚。砖墙的灰缝划分，不宜机械地都画出来，应视明暗关系，即明暗交界部位画出便可，更多的砖墙可根据明暗情况适当地减弱或不画。

瓦：画瓦基本与画砖类似，远景仅画大片瓦的固有色；中间适当表现瓦的排列，近处才能清晰见其瓦片，也不必面面俱到，主要是适当地把瓦与瓦相接而产生的有规律的形状画出，如檐口是关键部位，要从明暗关系上作重点表现。

金属：金属质地坚硬，有重量感，在建筑方面主要用于栏杆、门窗，以及建筑的其它钢结构、金属结构。表现金属构件，宜用坚韧、挺拔的线条，表现其表面光滑的质感。

木器：油漆过的木器表面十分光滑，受光时亮部高光较明显，暗部反光也很强烈，木器中放置的实物必有倒影，造成固有色变化很大；而未经油漆的木器，上述情况基本没有。木器的纹理较清晰，应择重点部位画些木纹特征。

石：石头在毛坯时粗糙。表面呈高低不规则颗粒状，表现时用线需有力而多变。加工磨光的石面较光亮，可隐约地反映出周围环境的影响。

在室外写生时，自然环境中常有散乱的碎石块，可适当表现，因为对构图能起一定的作用，可以丰富地面，使地面远近层次更加显著。近处石块可点出光暗，远处点出一些色点即可，并且要注意整体的透视关系。

玻璃：由于玻璃表面光滑、透明，常产生下列两种情况：

第一，由于玻璃表面光滑，一经光照，或周围光、色反衬，会出现很多点、线、面式的亮光。建筑层高的玻璃窗往往映衬出蓝天、白云，建筑层低时也会映衬出周围环境的剪影。

第二，因为玻璃透明，即使本身有颜色，但透过玻璃会看到较模糊的物象，其颜色受玻璃固有色的影响变深，且颜色较统一。还要根据其环境影响进行表现。

三、关于画树的问题

建筑物是不能孤立地存在的，如前所述，它总是处于一定的自然环境中，因此，它必然要和自然界中的许多景物形影不离，而在这些景物中，树木、绿化和建筑物的关系，最为密切，并成为建筑物主要陪衬。我们在表现建筑形象的同时，不可避免地要把树木、绿化也一起收进画面。

树的类型很多，不胜枚举，但就其枝、干的结构变化来记，可以把它归纳为几种基本类型（图2-42）。

（1）支干呈辐射状态汇集于主干。这种类型的树，主干比较粗大，但高度并不大，出权的地方形成一个结状物。

（2）沿着主干垂直的方向，相对或交替出权。这种类型的树，主干一般高而直，给人以挺拔的感觉。

（3）树枝，枝干逐渐分权。树枝愈向上出权愈多，树叶也愈茂盛，整个树呈伞状，看起来很丰满，轮廓也优美。

（4）枝干相切出权，形状如同倒"人"字。这种类型的树，枝、干多呈弯曲状态，苍劲有力。

对树的基本结构有了一定的理解，画树是容易掌握的，因为树的形状在很大程度上取决于树的枝、干结构。

作为建筑风景画中表现的树，虽层次不宜太多，但我们仍然必须把树看作一种空间立体的形状，并且，在一般情况下要表现出必要的体积和层次感（图2-43）。

里层枝、干

外层枝、干

图 2-42   图 2-43

下面，我们进一步分析在有树叶的情况下，树的明暗变化规律。树是有体积感的，它的体积就是由繁盛的树枝和茂密的树叶组成的。一颗枝叶繁盛的树在阳光的照射下，迎光的一面看起来很亮，而背光一面很暗，明暗交界部位色调重。至于里层的枝叶，由于完全处于阴影之中，所以最暗。按这样的明暗关系画树，就可以比较概括地分出层次，从而表现出一定的体积感，能适应建筑风景表现的要求（图2-44）。

树的表现有远景，中景或近景。作为远景的树，一般层次要少，一般有一至两个层次，稍虚一些就够了，作为中景的树，近景的树要逐次分析出清晰层次关系，表现出不同树木的特征。

譬如，白桦树枝干表皮是淡色，有规律的皮皱是深色，叶子圆而略尖，秋天的白桦在阳光下闪闪发光。需将明暗交界部位的叶子画得丰富些，其余部分应适当留有充分的亮部。

画树必然涉及到画树影，树在阳光的照射下，产生了树影。可能反映在地面上，也可能出现在建筑物或其它物体上。

树影的形成，可以用物理学中小孔呈像的原理来解释。按照这个原理，太阳光透过树叶的缝隙，犹如透过一个小孔，每一个树叶的缝隙透过的光都会在地面或墙面上产生一个圆的光点，光点叠落在一起，就使树影产生稀疏斑驳的效果。这是我们在画树影时需要加以表现的。

由于太阳的光线照射地面大多时候是倾斜的，愈是倾斜幅度愈大，光点呈椭圆，树影的范围也愈长，椭圆的长轴方向和树影的长轴方向是一致的。如地面有起伏转折，则树影也随着地面起伏而转折。

落在墙面、地面上的树影，情况是一样的，只是椭圆光点和树影的方向有所改变，除此之外，还要处理树影的外轮廓。一般落在地面上的树影多呈水平状态（视光线和透视的不同角度略有倾斜）；落在墙面上的树影则是斜的。

四、关于画倒影

临水的建筑物，会在水中产生倒影，不临水的建筑物及任何物体也可能在光滑的大理石、下过雨的地面、或洒过水的路面产生倒影。

倒影怎么画？人们通常以为画水中的倒影和水上的建筑物完全一样，其实，这种看法是错误的。只有立面（正投影）的倒影才有上下一样的，而在透视的情况下，倒影和建筑物并不完全一样。

倒影的画法，应按物理学中原理来确定。其基本的方法是：一点A与水面的垂直距离为OA，A的倒影为A′，那么 OA＝OA′。以水面为基准，物象上下是对称的（图2-45）。

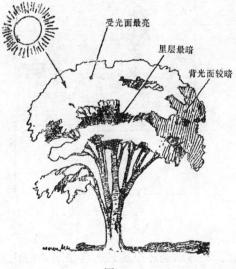

受光面最亮

里层最暗

背光面较暗

图 2-44

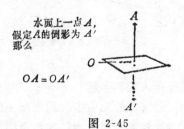

水面上一点A，假定A的倒影为A′那么

$OA = OA'$

图 2-45

建筑物的倒影也是根据这个基本原理来确定的。（图2-46）所示即为求建筑物倒影的方法：假定两坡式屋顶的建筑形体的下底为水面，以该面为基准，我们可以找出建筑物各主要点在水下相对应的点（即各个点的倒影），然后把这些点连接起来，即成为建筑物在水下的倒影。

从上面所举的例子中可以看出，水中倒影的坡屋面，比水上的实物要窄得多。如果透视的视点假定得再高一些，那么这种差别就更为显著。由此可见，在透视的情况下，建筑物和它在水中的倒影其形状不是完全一样的。

以上是通过一个典型的例子来说明画倒影的原理，但是，实际上建筑物一般是不可能建造在水面上的，它往往要座落在比水面略高一些的堤岸之上，因而，在画倒影的时候，要考虑到这一因素（图2-47）。具体地讲：首先还是应按透视的原理，把建筑物和水面的关系肯定下来，然后再按照前面所介绍的方法来准确地画影。

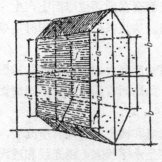

按以上基本原理，找出建筑物各主要点在水下相对应的点，连接各点，即为建筑物之倒影

图 2-46

水中倒影的透视消失关系与水上建筑物是完全一致的。明白这一点，画倒影时不需象前述的方法一点一点去找，只要得出关键性的一两个点后，可以利用透视关系画出全部倒影。

事实上，只有在静水的情况下，才会产生清晰的倒影。当有风的时候，水面的波浪，水中的倒影便随着水的波动而变化，一部分水面反映物象，一部分水面反映天空，从而呈现出一种如同鱼鳞般的涟漪。倒影便显得散碎，只剩一个大体轮廓了。在风波大时，水面起伏剧烈，这时建筑物和任何物象根本不会产生倒影。

静水中的倒影虽清晰，但较呆板，而且画起来也需细致，因而在表现有些波浪时的倒影效果为好。另外无论在任何情况下水中倒影的明暗关系要比水上面的物象模糊，不要画得太实。

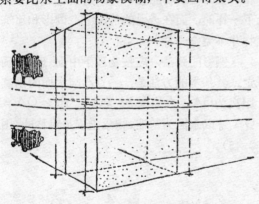

水下倒影的透视消失关系与建筑物一致

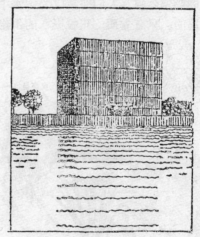

图 2-47

五、关于画人物和车辆

画人物：建筑室外写生中，适当画一些人物，一方面是可以通过人与建筑物的比例关系显示建筑物的尺度，同时也是避免画面单调，具有现实气氛。

画人物也要掌握好比例和透视关系，尽管人物在画面有时只是为了点缀，但点缀不好，会适得其反。如果建筑物和其它物象都画得很成功，人物却没画好，就会在很大程度上破坏画面的整体效果。画人物的问题绝对不可忽略。

人体比例（图2-48）以头部的高度与人的总高度作比较。一般来说我国大多数人的比例大体是1:7。腰部以上约等于三倍头的高度；腰部以下约等于四倍头的高度。只要大体上接近这个比例去画就行了。

在透视关系上的变化，是近处的人要画得大一些，对比要强烈一些，要画得比较细致一些；远处的人要画得小一些，有一些动势就可以了。靠近建筑的人物其大小要合乎与建筑物的比例。

关于人的透视高度，可以分三种情况来说明（图2-49）。

第一种情况是：假定视平线的高度为人的高度（约1.7m），这也是最符合于现实的情况。在这种情况下，我们可以先在透视图上用铅笔轻轻地把视平线画出来，然后把人的头部紧挨着这条线画出，因为在这种情况下人的大小可以自由处理而不受任何限制——愈是大的人就意味着他所处的位置愈近；愈是小的人则意味着他所处的位置愈远。

第二种情况是：假定视平线的高度低于人的高度（小于1.7m），一般的仰视图均属于这种情况，这时，我们可以在建筑物的近处一角，严格按此比例标出人的真实高度，然后再从视平线上取任意一

图 2-48

点向这个高度的上下两个端点连线，并向外延长引伸，这样，只要在这两条连线之间画人，其高度均符合人的透视高度。

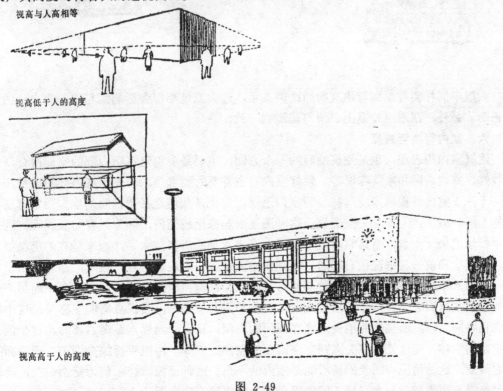

视高与人高相等

视高低于人的高度

视高高于人的高度

图 2-49

第三种情况是：假定视平线的高度高于人的高度（大于1.7m），一般的鸟瞰图均属于这种情况。这时，确定人的透视高度的方法与第二种情况相同。

明白了上述道理，在写生时不必用以上方法画透视线，熟悉后即可依感觉去画准确。

画车辆：在写生街景、广场或大型公共建筑物，各种车辆均在构图之中，和人物一样。画车辆，对于烘托环境气氛，增强构图效果，起着不可忽视的作用。

不同的建筑不同的场合，有不同的车辆。例如，在火车站广场上，应多画一些出租汽车和公共汽车；在会堂、宾馆前小轿车和旅游轿车多；在生产性的工业建筑前往往是载重卡车。

画汽车的时候，要注意有真实感。随着汽车工业的发展，各种新型的汽车也相继出现，这就要求我们平时多注意观察，多画写生，以熟悉各种汽车，（图2-50）所示供参考。

图 2-50

画汽车同样要考虑到与建筑物的比例关系，过大或过小都会影响到与建筑物的比例是否正确。另外，在透视关系上必须与建筑物一致。

六、室内写生与透视

建筑室内的表现，也是建筑绘画的一个方面，主要是表现建筑物内部的空间组合，内檐装修、室内装饰和家具陈设等。画好室内写生首要的要求是，表现建筑内部的透视。

（一）室内透视的角度选择　画室内透视，首先是如何选择透视的角度。通常有三种可能（图2-51）：（1）一点透视。这种透视画起来比较简便，因为只有与画面垂直的一组平行线消失于一点，而其它两组平行线，原来水平的仍保持水平，原来垂直的仍保持垂直。（2）和前一种情况稍有不同，使画面略向左或向右旋转一点，这时，原来一组平行于画面的水平线也将随着画面旋转而略有倾斜，并在画面以外很远的地方消失，而另一个消失点则在画面之内，只是随着视点而略有移动，其关系是：当视点略向左移时，这个消失点也略向左移，而远处的消失点应在画面的右侧；反之，当视点略向右移时，这个消失点也略向右移，而远处的消失点则应在画面的左侧。（3）两组平行线分别消失于画面的左右两侧，这种情况表明我们所看的是室内的一角。这种透视画起来稍为复杂一些，我们应当根据不同情况，分别选择不同透视角度，以表达写生意图。

在室内透视中，视点的高度一般取人的高度，即1.7m左右。若欲取得高大雄伟的效果，视点可以适当降低一些。另外，对于一些常有夹层或走马廊的建筑，视点也可以取得

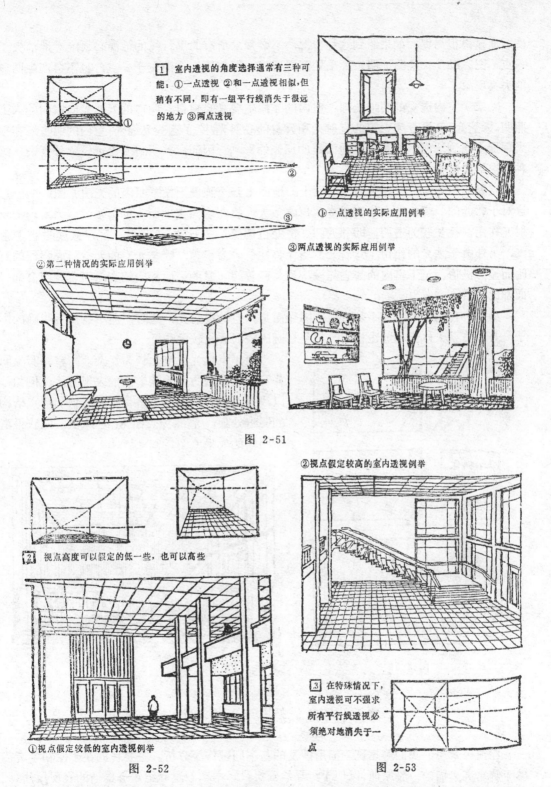

1 室内透视的角度选择通常有三种可能：①一点透视 ②和一点透视相似，但稍有不同，即有一组平行线消失于很远的地方 ③两点透视

①一点透视的实际应用例举

③两点透视的实际应用例举

②第二种情况的实际应用例举

图 2-51

②视点假定较高的室内透视例举

2 视点高度可以假定的低一些，也可以高些

①视点假定较低的室内透视例举

图 2-52

.3 在特殊情况下，室内透视可不强求所有平行线透视必须绝对地消失于一点

图 2-53

高一些（即假定从夹层向下看），这样可以多看到一些地面（图2-52）。

室内透视和室外透视有一个不同的地方是：对于室外透视来讲，视点的距离是不受限制的，人可以站在任意远的地方来看建筑物，而在室内透视中，就没有这种可能，这往往使画面显得很局促，如果遇到这种情况，不必强求所有的平行线的透视必须绝对地消失于一点（图2-53）。经验证明，如果处理得适当，即使不完全消失于一点，也不会产生明显的失真现象。

（二）室内透视的明暗处理　室内的光线主要来自窗口、门口的天然光或室内的人工照明。天然光，又可分为太阳的直射光和天窗的漫射光。除了这些光线外，室内的明暗还在很大程度上受到墙面、天花板、地面等的反光的影响。因而，其明暗变化远较室外复杂，这种情况给绘画带来很多困难。

直射的阳光，可以在室内的墙面上、地面上乃至陈设上投下明确的光阴（图2-54）。这对于邻近门、窗的地方的明暗变化影响很大。投在墙面或地面上的影子，因为室内的反射光作用，往往较为透明，即邻近门、窗处色调深，对比强，而离门、窗愈远的地方愈浅，另外由于眩光的作用，背着光的墙垛、柱子、窗棂等，因与光亮的天空形成强烈的对比而显得极暗。至于室内的其它陈设，凡是迎着门、窗的一面都比较亮，而背着门窗的一面都比较暗。

如果来自门窗的光线不是直射的阳光而是天空的漫射光，这时，便不会投下明确的影子，其暗关系大体仍和前述相似，只是相对比较弱、比较柔和。

内墙（上）
外墙（中左）
顶部（中右）
透视（下）

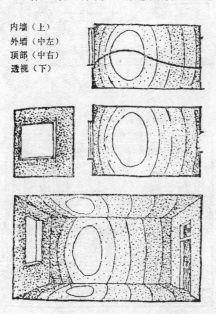

图 2-54

由于室内光线变化较为复杂，与室外写生同样可以在表现方法上探索新的表现方法。例如，以线条为主，表现主要结构轮廓，稍加重点结构的明暗处理，省略掉大面积的暗部，以获得清晰明确的效果（图2-55）。

图 2-55

第六节　建筑素描写生的表现技法

在前一章中，我们对建筑素描所涉及的基本问题作了分析，主要目的在于使初学者能够了解建筑素描的一般原理，以便于指导绘画实践。本章着重介绍建筑素描的表现技法（图2-56、57、58、59、60、61、62、63）。

在建筑素描中，对于同一个表现对象，可以用不同的手段来表现。例如，同一组建筑物和环境景物，我们可以用不同画种表现。在素描的表现方法中，有铅笔画、钢笔画、炭

图 2-56

图 2-57

图 2-58

图 2-59

图 2-60

图 2-61

铅笔画，铅笔淡彩、钢笔淡彩。这些表现种类从技法上讲，都不外是前述的基本技法的演变，发展或结合。例如炭铅笔的技法就与铅笔的技法基本相同；其它墨水笔，如毡尖笔和纤维尖笔与钢笔技法相当类同，在本章里我们以钢笔画为题目，铅笔淡彩是铅笔技法和水彩技法的结合钢笔淡彩则是钢笔和水彩技法的结合。此外，属于素描范畴的速写即是素描

图 2-62

图 2-63

作画方式的简练式，或称为短期素描，除速写的基本要领外，它与素描的方法是相通的。因此，只要我们能够掌握几种基本的表现方法，其他的方法即可领会。

一、用铅笔表现建筑及环境的技法

铅笔是作画最普通的工具，也是基础训练的开始，容易掌握，便于修改，最初在室内外写生时较为普遍实用，在设计方案中用于反复斟酌的草图设计。

作为建筑写生，较适合于用软铅笔，如从HB至4B为宜，这主要是根据所表现对象的特点而定的，过硬或过软都无助于表现。

在写生中，勾轮廓时，通常是用较细的线条，重点结构可用稍粗的线条，此外，以线条组成不同类形的面，也可以很好地表现出建筑物的光影明暗和材料质感。综上所述，用铅笔表现物象的基本技法，就在于如何用笔以线条和线条组成面的方法来表现不同的对象。

在室外写生、室内静物写生同画几何石膏体有所不同，在用笔用线的技法上有着较严格的要求，我们仍然要从最简单的练习开始，进一步掌握用笔用线的要领，以适应对室内外建筑写生的要求。

我们先拿一枝HB的铅笔，把它削成尖锥体（图2-64），然后作如下练习：①用力均匀地画各种直线，弧线和曲线，用笔的方向应一致，并尽量地使画出的线条流畅。②用逐渐加重的方法来画直线和曲线，要画得均匀，即不可忽轻忽重，也不可突然变重。③用端部加重的方法画直线，弧线，可以是一端加重，也可以是两端加重。④用中部加重的方法画直线和斜线，由轻到重，再由重到轻的变化也要画得均匀。⑤用波浪式的画法画竖线和横线。⑥用交叉式的画法画线。此外，还可以用快和慢的两种方法画线，并进行比较。通过以上练习，我们将能体会到在建筑画中用线用笔的方法很多，不同的画法可以取得不同的效果。

较软的铅笔，铅芯很粗，质地很软（如3B4B铅笔），如果象前面所说的那样，把它削成尖锥体，只要画几笔铅芯就很快地变秃了。但是软铅笔也有它的性能特点，即可用它来画宽线条铅笔画（图2-65），这是硬铅笔所无能为力的。用软铅笔画宽线条，通常是把

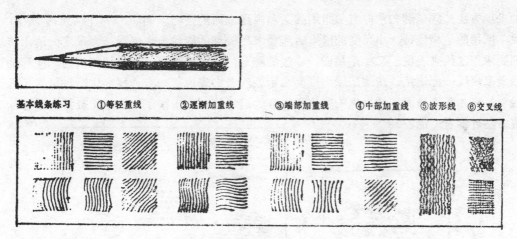

| 基本线条练习 | ①等轻重线 | ②逐渐加重线 | ③端部加重线 | ④中部加重线 | ⑤波形线 | ⑥交叉线 |

图 2-64

铅笔削成斜（约30°～45°）。如同前面所介绍的一样，运用这样的铅笔也可以画出各种各样的线条。

从用笔技法上讲，画粗线条的难度要大一些，这是因为铅笔和纸的接触，不是一个点，而是一个面，如果握笔的角度掌握不好或是用笔的轻重不等，画出的线条就不均匀，甚至连宽窄都不一样。但是通过反复练习，只要掌握了这种技法之后，却又可以利用握笔的角度变化或用力的轻重不同而画出许多富有变化的线条来（图2-66、67）。

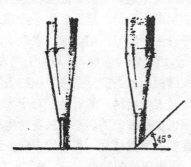

图 2-65

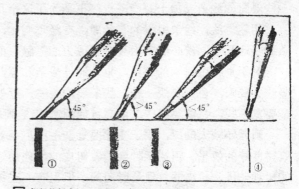

4 把铅笔削成斜面画线条，铅芯和纸的接触是一个面，因而铅笔与纸面的角度不同，用笔轻重不同，画出的线条也就不同

图 2-66

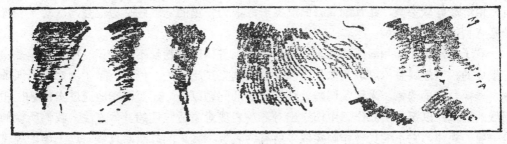

图 2-67

对铅笔的性能有了初步了解以后，可以进一步用铅笔来画建筑局部。通过画建筑局部可以达到以下三个目的：①了解和掌握各种线条的实际应用。②了解和掌握建筑材料质感

的表现方法。③了解和掌握有关组织线条和画线成面的技巧。例如，对于清水砖墙的表现，所用的是横线条；小尺度的清水砖墙要求用较细的横线条来表现；大尺度的清水砖墙则要求用宽线来表现。又如瓦屋面，一般的陶瓦，水泥瓦屋面，要求用较粗的，波形的横线条来表现；而筒瓦、琉璃瓦屋面则要求用竖线条来表现（当有透视变化时也可能是弧形线）。再如乱石墙面，其用笔的变化和线条的组织就更为丰富了。关于建筑材料质感的表现方法可参看（图2-68）。

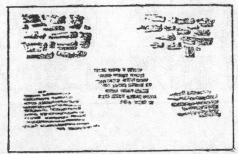

图 2-68

在组织线条的问题上，即要求服从于质感的表现，还要求有变化，以打破重复和单调，例如，在画屋面时，如果全部都用横向的线条，就会显得单调。这时，为了打破单调，往往在局部的横向线条上，加上一些斜线条与其交错，又如在画大面积的乱石墙时，插进一些斜向的线条或加上一些斑点，也是为了这个目的。

用笔得法，线条组织的有条理，有轻重变化，这几点是用铅笔表现建筑技法的关键，做到了这几点，就必然产生具有表现力的笔触，而笔触正是铅笔画所具有的独特风格。

对于景物中树木的表现，也是通过线条和笔触的变化来实现的。远处的树一般都是用竖线条来画，色调要淡一些，线条要细一些；近处的冬青，一般可以用斜线条来表现，线条要宽一些，色调要深些，前者可能用2B铅笔画较合适，后者则应考虑用4B的铅笔来画。

画近处较大的树，线条变化要复杂一些，一般应按照树木种类的特点来组织线条才能取得良好的效果。画树干时要顺着树皮的纹理用笔，方能表现出树皮的质感。对于大多数的树种来讲，树皮的纹理是竖向的，但也有一些树种的树皮是横向的。除了表现树皮的质感外，还要表现出光影关系，特别是树枝在树干上的落影，画树枝时，用笔的方向一般应顺着树枝的长势，应由粗到细和由重到轻，这样方能表现出树枝的特点。对于树叶的表现，可以用多种形式的笔触来概括，并且还要反映出光影明暗和前后层次的变化。画树叶时，铅笔最好软一些，并且削成斜面或釜形，因为较宽的笔触概括力较强，这对于表现树叶是有利的。

有了画建筑局部和画树的初步实践后，再画整体建筑物就不困难了，因为整体是由局部组成的。当然画整体建筑及风景所涉及的问题更广泛一些，例如，除了考虑到画面的构图，透视角度的选择，光线及明暗处理等一般的问题以外，还要不断地通过实践掌握用笔用线的规律，以至在实际作画中摸索出对各种表现对象适应性的具体方法。我们所谈的只是一般的规律，它不能代替作画实践中所有的表现，真正的方法，只要通过上述的规律向大自然学习，并加以掌握运用。

二、用钢笔表现建筑的技法

比起其他画种，钢笔画的历史还不算久远，但是目前已愈来愈被重视，尤其在建筑设计领域里，用钢笔表现的建筑画比较普通，这不仅因为效果好，而且由于它便于制版印刷，晒图复印，尤其使用简便，建筑师用它在生活中以速写的方式纪录生活素材，对于学生来说可以通过写生的方法训练造型能力。

钢笔画的工具及材料：用来绘画的钢笔应有粗细之分，普通的书写钢笔可作为细笔，目前市场上还有适应绘画用的弯尖钢笔，这种钢笔使用时随执笔角度的变化可画粗细不同的线条。应用恰当可增强表现力。至于墨水，有普通墨水，或炭素墨水，尤其使用碳素墨水时画出的线条浓度厚重，能持久保存。

绘图笔：笔尖呈针管状，一般有粗、中、细之分，须垂直使用，一般用于设计表现图的绘制，也可在写生中使用，绘图笔使用绘图墨水或碳素墨水。

毡尖笔：笔尖有大小和不同形状（如市场可以买到的马克笔等），根据需要，可适当选用，毡尖笔出水性能好，与纸面接触，不滑不腻，用笔流畅，随着运笔的轻重，或改变执笔角度，均可出现粗细不同或干湿变化的线条，较适合表现线描，黑白关系强烈的画面效果，更适合于速写或短期素描之用。

纤维质笔：笔尖是纤维质，笔尖有粗细和形状的不同，适合以主线条表现的速写练习，作画时运笔的轻重可出现虚实，粗细、干湿、浓淡变化的线条，但用久易滑腻，下水不流畅，使用墨水需用专用墨水或普通墨水，不宜用碳素墨水或绘图墨水。

用纸：上述使用的笔对用纸也有一定的要求，纸的表面不宜太粗糙，纹理不宜太深。因为在使用钢笔时会挂笔尖，但也不宜太光滑，光滑的纸往往吸水性能差，画上去的效果不理想。另外纸的质地应较为密实。有些松软易吸水的纸张，在画短期素描或速写时使用，有时还会出现墨水渗化，使线条丰富变化的意外效果。

上述各种笔，以钢笔最为实用，本节中只以钢笔作为范例，因各种用笔除其本身的表现特点外基本方法与钢笔相同，不一一列举。

通过若干画线的实践（图2-69），我们可以把钢笔和铅笔用线作一比较，钢笔画和铅笔画的线条虽有不少相同的地方，但从技法上讲却有很大差别，例如在运笔时，用力的轻重不同对于铅笔的影响较大，用力重画出的线条色调就深，用力轻色调就浅。而用力的轻重对钢笔却没有明显的影响。

在铅笔的技法中，用线条组织成面出现深浅色调，是依靠线条的疏密变化，主要取决于用笔的轻重。而在钢笔画的技法中，线条的疏密，愈是密集的线条所组成的面，色调就愈深，线条疏则色调愈浅。用笔的轻重虽有稍微的影响，但不起很大的作用。这是因为钢笔的用笔基本上不存在明显轻重的表现，如果希望得到有粗细变化的线条可以用弯尖钢笔。

在以铅笔表现的建筑画中，特别是用笔细腻，线条几乎完全融合在色调之中，但用钢笔的表现画中除了纯白或纯黑外，凡是中间色调，都明显地可以看到是灰色的线条。因而，对于钢笔画，线条的组织影响效果极大。也正由于这个道理，钢笔画在组织线条的技巧上其变化十分丰富（图2-70）。对同一的色调，可以用多种多样的线条去表现，这是钢笔画基本特点之一。例如，对于一个简单的几何形体，我们可以用竖线、横线、斜线、交叉乃至更多不同的线条来表现，也可以用同一的方法表现不同的对象。这对于其它画种来讲意义不大，但对于钢笔画却有很大的实践意义。线条的组织表现不同，对形体表现效果有直接的影响，尤其是表现较复杂的树或建筑物，就更为明显。因为树的种类很多，其性格特

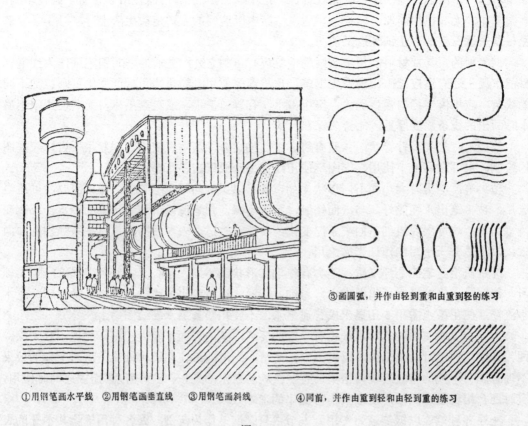

⑤画圆弧，并作由轻到重和由重到轻的练习

①用钢笔画水平线　②用钢笔画垂直线　③用钢笔画斜线　　④同前，并作由重到轻和由轻到重的练习

图 2-69

点都不同，松柏苍劲，杨柳柔曲，某些树的枝叶繁茂，某些树的枝叶则较稀疏。此外不同类型的树，其树叶的大小形状和结合形式不同，树干的纹理和质感也不同。如果只用一种方法来组织线条，很难表现出各自特点；而针对每一种树的特点，分别使用不同的线条，便容易取得较好的效果（图2-71）。

一般近处的应画的细致，有的甚至要画出一片一片的叶子；远处的树则应画的概括些；否则就分不出空间层次。如果考虑到与建筑物的协调统一，也可以适当把树画得抽象和概括一些，使之有一种装饰画或程式化的意味（图2-72）。

在建筑画中，表现各种不同的建筑物及其材料质感，钢笔画都有相应的用笔和线条的组织方法，钢笔对材

图 2-70

料质感的表现，基本上与上述所说铅笔的表现方法相同（有一点不同的是作画起轮廓需先

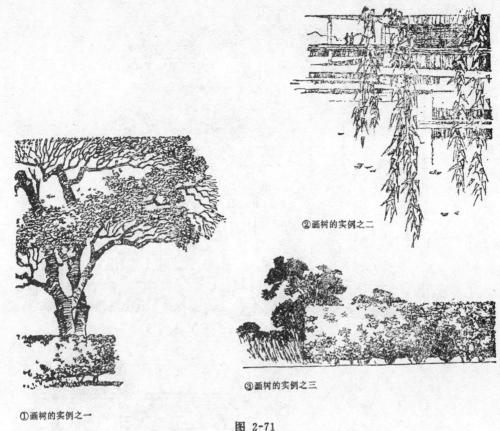

②画树的实例之二

③画树的实例之三

①画树的实例之一

图 2-71

用铅笔画出大致形状然后再用钢笔）。

在构成一个完整的画面，表现一个整体的建筑物时，线条的应用，有机的结合，应风格统一。例如，可以用细腻的手法；也可用粗犷的手法，前者在用笔方面要严谨工整，而后者则要求轻松、奔放，这两种手法如果用在同一画面上就会不协调，破坏画面的统一，但如果在画面适当的利用配景的粗犷来衬托细腻的建筑主体，处理得当却会出现对比统一的艺术效果。

在钢笔画的表现手法中，常见有偏重于单线条为主的类似用线描造型的作品。这种表现手法难度较大，没有对形体达到一定程度的认识，就不容易表现好，而且容易将物体表现得简单化，缺乏立体感空间感，然而我们表现物体明暗已达到熟练程度时，可逐步过渡到以线为主，线面结合，或以线为主去表现物体。以线为主，线面结合或以线为主的表现手法，其要点就是省掉形体上大面积的阴影，只画其结构线外轮廓和交界线，对于小面积重要结构部位的暗部，可视画面构图的需要加些暗面。这种手法，实用意义很大，回避了光线多变时带来的困难，使得绘画过程大大缩短，只要具有对物象的最初的强烈印象，带着一种激情，一鼓作气地画完，往往画面从主体明暗到构图布局，达到简捷生动，为长时间素描所不能比拟的艺术效果。

以线为主的表现手法，它需要画者对于表现永久形体结构有较充分的理 解 和 认 识，这就使人们以一种很形象的语言称它为理解性素描。这种理解性素描，对现实物体的明暗只作为观察时便于理解其形体结构的附助因素，不完全作为画面的表现因素，所以，较之

图 2-72

图 2-73

以长期经过严格地用明暗关系表现的素描，它富有对形体结构理解基础上的主观表现意识。这样的手法经过一定的训练，就会产生从观察意识上再不只是看到明暗的因素，而且通过明暗的因素去认识物象的形体结构本质。更好地掌握这种表现手法，是艺术表现力得到提高的必然结果。

三、关于速写

由于以线为主的钢笔画，强调形体结构为出发点，表现手法又适合在短时间内完成，它的表现手法在很大程度上与速写相同。事实上素描和速写没有严格的区分，速写是素描的一种表现方法，短期素描也可称为速写（图2-73、74）。速写是对素描的提炼和概括，这种提炼和概括，是作用于对物象观察时的提炼概括，有了素描的基础，有了对形体结构的认识，提炼概括就不难了。

画速写除了要对形体结构有充分理解外，还应对形象有较好的记忆力，尤其是在极短时间内去表现形象的瞬间，更需要记忆，比如，运动中的人物，行驶中的车辆，瞬息万变的云朵，都需在对其形体结构的理解的基础上迅速地表现出来。有些运动中的形态是有规律地重复的，可以借助其重复变化的状态通过记忆来完成速写。

总之速写是需要敏锐的观察、理解能力和记忆能力，以及良好的表现技巧来完成的，需要在实践中加强训练才能掌握。速写的技巧将最终帮助我们在生活中有效地收集设计素材，便于参考或设计草图时使用。

图 2-74

第三章 色彩的基本知识

第一节 光与色彩的关系

人们之所以能看到并能辨认物象的千差万别的色彩和形体，是由于凭借光的照射反映到我们视网膜的结果，如果光一旦消失，那么色彩就无从辨认。所以说，色彩是光的产物，没有光就没有色彩感受。色彩的形成和光有最密切的关系——光是色之母，色是光之子，无光也就无色。

英国物理学家牛顿在1676年通过三棱镜研究色的现象，证明了太阳的白色光所包含的红、橙、黄、绿、青、蓝、紫七种色光，是人眼能感受到的光波的一部分。这七种色光，有顺序地、逐渐地、和谐地过渡着，组成象虹一样的彩带。这彩带称作光谱，也就是人类第一次对光与色进行了科学的验证。在七色光谱中，红光的波长最长，紫光的波长最短，橙、黄、绿、青、蓝介于红、紫之间。我们可以看到，晴空之所以呈现青色，阳光所以偏于橙黄色，主要由于太阳白光中的青、紫色光波长短，在穿过大气层时，一部分青色光为大气层中的尘埃微粒所分散反射，而使晴空产生了青色的漫反射。同样地，白光中的红、黄色光的波长很长，不受尘埃微粒的影响，可全部透过大气层，因此阳光多呈红黄色。

从光学原理上讲，人们的眼睛能看到世界万物的色彩，不是物体本身固有色，而是物体具有反射和吸收不同光波的特性。不同的物体反射和吸收光波的波长不同，所呈现出的色彩就各异。例如，我们看见了红色的花，是因为这朵花有反射红色光和吸收其它光的特性。反射出来的红色光使我们的视觉产生作用，因此这朵花看起来是红色。

可见，光与色的关系是十分密切的，研究光与色的关系、表现光与色的关系是绘画色彩学中的重要内容。在进行色彩写生练习时，就必须把光与色密切联系起来观察、分析，并努力做到准确生动地表现对象的光色效果（图3-1）。

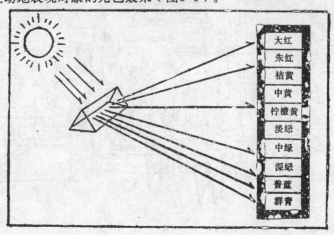

图 3-1

第二节 形 与 色 的 关 系

一、形与色的依存

形和色是相互依存的，同时又可把形和色看作两种独立的现象。形状可使我们识别物体，形状为我们提供符号。文字体现的是形状而不是颜色，文字不论大小都能辨认。形能给人以不同的感受，北方笔直高耸的白杨树和南方粗大、低矮的黄桷树，似乎各自给人们以一种神态和表情，前者挺拔、刚健、向上，后者健壮、持重。再者，形能造成如人的面孔和指纹所显示的千变万化、层出不穷的效果，可以让人清楚地辨认，这些都是形的功能。色彩也可起特殊作用，看黑白电影、电视时，无法辨认演员的皮肤、服饰颜色，金色秋天的热烈气氛也因无色彩，很难激动人心。因此最显著的形状效果，也比不上身临大自然那种难以想象的色彩世界给人的印象强烈。普珊说："绘画中的色彩好象是吸引眼睛的诱饵，正如歌德诗歌中的韵文的美是为了悦耳动听一样。"马蒂斯也说过："如果素描是属于心灵的，色彩是属于感官的，则你必须首先学素描，培养心灵并能把色彩导入心灵的轨道"。

把形和色彼此分开又相互比较，就是要确立一个认识：形和色在造型艺术中各有自己的功能，但色彩是依附于形的，色彩只能依附于形才能体现自己的作用。在绘画基础训练时，素描训练为的是要掌握形体结构问题，必须偏重于形。在色彩训练时，则解决对色彩的感受、色彩的认识问题，也就必须偏重于色。素描色彩训练好似一股道上的两个岔，为了绘画的目的，最终会融合在一起。尽管抽象绘画讲表现意念，它用色彩不一定表现形，但意念也是有生活根据的，其色彩的运用是有一定的科学性的。一个出色的建筑师，应具备相当高的色彩理论和实践经验的。

二、色性的形状化

一般来说，色与形是互相依存的，但色彩不靠形体的结合而完成传达视觉信息的情况却是常见的。在交通标志中，橙色——注意，红色——禁止，绿色——前进等，是专靠色彩表达意义的。这里讲的形与色，不是指具体物象的形与色，不是指红的花朵，黄的衣服，白色的茶盅等物象表面所呈现的色与各自形状的关系，而是指色与心理形状的有关联想，也就是指色性的形体化分析。

瑞士著名的美术理论家和艺术教育家约翰内斯·伊顿（1888～1967），在他的论述中讲到：在一幅绘画作品中，形状和色彩的表现力是相辅相成的。正如红、黄、蓝是三种基本色彩那样，三种基本形状——正方形、三角形和圆形可以确定为具有突出表现价值的形状。

这些形把色彩的基本性质和特征作了充分的表现（图3-2）。

正方形相当于红色，正方形是形中的基本形体，红色也是基本色彩，红色的重量感和不透性同正方形静止和庄重感相一致。

三角形的本质就是三条两两相交的直线。它的锐角产生一种好斗和进取的效果。它是思想的象征，它的无重量感的特点与色彩中明澈的黄色相称。

圆就是以不变的距离绕平面上一个定点而运动的总的轨迹。它的特征与正方形相反，同正方形产生的尖锐紧张的运动感相比，圆形产生一种松弛平易的运动感，它给人以一种

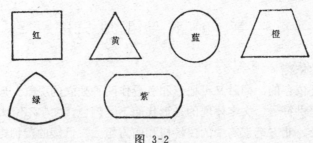

图 3-2

轻松的、圆润的、富于流动性的感觉。它是一种精神的象征。这种特征正好与蓝色性质相似。

以上讲的是三个原色红、黄、蓝(青)的形状特征。间色橙、绿、紫色相应的形是从原色的正方形、正三角形和圆形演变而来的。这就是橙色为梯形，绿色为圆弧三角形，紫色为椭圆形。由此看出，间色的形是以原色的联想的色混合概念为基础而产生的。

概括起来，由三个基本形状所产生的特征来说，正方形象征稳定的事物，辐射状的三角形象征思想，圆形则象征永远运动的精神。

由基本形体的形状特征和色彩的表象特征相联系，归纳如下：

红色暗示着正方形。干燥，不透明，沉重，有充实感，强烈的刺激和注目性，这些特征和直角立方体有关联。

橙色暗示着梯形。它的特征虽刺激不如红色，但具有高尚的气质和火热的温度感。

黄色暗示着正三角形。黄色在色谱中是最明亮的色彩，具有敏锐、活泼、有生气的特征。黄色虽没有重量感，但具有向外扩张的性质。

绿色象征圆弧三角形。绿色具有新鲜、广阔，还略带寒味。绿色缺少刺激性，角度迟钝，这些特征和圆弧三角形相吻合。

蓝色象圆形。紫色比青色给人的感觉更高尚，远视也不很清晰，具有柔和、女性性格，没有刺激性，没有蓝色那样宽广的性质，略带狭隘。

最富有创造精神的立体派画家，对于色与形的研究有极高的成就。后来抽象派画家们对色和形做了进一步的本质研究，并理论化。他们研究的主题就是抽象的形与色。

对基本形体和色性的研究，是充分发挥人的联想因素的体现，是一种渗透性的思维活动，这为培养艺术想象和创造能力，无疑是有极大帮助的。

初学者学习色彩规律，应先由形与色相依存的具象写生规律来进行研究，然后再深化到较抽象的色性形体化研究，应由浅入深，由表到里，由具象到抽象稳步前进，这样才能在艺术实践中，先站稳脚跟，然后才有可能在艺术的广阔天空翱翔。

第三节 色 彩 知 识

一、色彩的三要素

眼睛所看到的世界万物外貌归纳起来除形体外还有彩色和黑白两个因素。色彩学上将这两个因素归纳为无彩系统和有彩系统。

无彩系统是指黑白灰，它不属于色彩范畴。无彩系统只有一种特征——明度。

在颜料的各种色彩中，加入白色能使颜色变浅，加入黑色能使颜色变深，加入灰色能使鲜艳的颜色变的沉着（中性），这样黑白灰在人们的心理上都具有"彩"的性质，其实它不属于"彩色"，但它们在颜料的混合变化中，有非常重要的作用。

黑白灰的特性在素描中更显示出它不依附于色的表现能力，它组成高调、低调、灰调等素描调子，是素描造型中的关键因素。

有彩系统的颜色具有三个基本特征：色相、色度、色性。这三个特征作为色彩是绘画中重要的造型因素，极为突出，色彩学上称它为色彩的三大要素。

（1）色相：色相即指一个颜色的相貌或者名称种类。它是色彩显而易见的最大特征。自然中的红、橙、黄、绿、青、蓝、紫色是最基本的纯度最高的色相。还有成千上万由此而衍生出来的色彩都具有各自非常具体的相貌。

（2）色度：色彩的色度包含色彩的明度和纯度。色彩的明度是指色彩本身的明暗深浅程度。黄色接近白，明度最高。紫色接近黑，明度最低。绿色为中间明度。同一色相也有不同的明度，如同一颜料与不同量的黑与白相混合会产生不同的明暗程度。同一颜料在不同强度的光的照射下也会产生不同的明暗程度。

色彩的纯度又称饱和度，就指色彩的鲜灰程度。色彩中红、橙、黄、绿、青、蓝、紫纯度最高，也最纯正。如果将其中一色与黑白或与它色相混，就产生了纯度差别，如用大红与白色相混后其明度提高了，而纯度降低了；与黑相混后明度降低了，纯度也降低了。

（3）色性：色性是指色彩给人所具有的冷暖感觉和联想。在色环上红、橙、黄属暖色，绿、青、紫属冷色。当我们看到暖色时，往往会联想到太阳、烈火，并产生一种温暖的感觉。反之，看到冷色的时候会联想到月光、冰雪、海水，并产生凉爽或寒冷的感觉。在暖色中也会有冷色的倾向。如将大红与朱红的比较，则朱红显得暖些，大红显得冷些；将大红与玫瑰红相比，大红显得暖些而玫瑰红显得冷些；又如将蓝色系的湖兰与群青相比较，群青显得冷而湖蓝显得暖；将群青与普蓝相比较，则群青显得暖而普蓝显得冷了。在一色中，如在大红中混入黄色会变得暖些，稍混入蓝色变得冷些。冷暖色相互对比，互相依存是色彩关系中一条重要规律。现实生活中的色彩千变万化，把色彩关系分为冷暖两大对立系统，依靠比较冷暖倾向，就能够寻找出展现在我们眼前的任何一种复杂而微妙的色彩。

色彩的三要素为色相、色度、色性，是识别色彩定性及定量的标准，是识别成千上万种色彩的科学总结。我们在观察，调配和表现时应将这三者综合起来考虑。一切色彩现象中的色都包含了这三个要素的相应变化，不能单独孤立地存在。只要其中有一个要素变化，同时也必然地引起其它两个要素的相应变化。

二、固有色、光源色、环境色

固有色：从视觉感受的概念出发，人们习惯于把白色阳光下物体显现的色彩效果称为"固有色"。例如：绿色的草原，金黄的麦浪，红色的旗帜等。实际上"固有色"是个暂借词，用它来表达人们对色彩的普遍感知效应。从色彩的光学原理知道，物体并不存在固定不变的颜色，而只有吸收某些色光和反射某种色光的特性，因这种特性而显现出的色彩称为物体色，即固有色。

在绘画训练中，为了观察研究物象色彩的客观存在，仍将色光与固有色分开来认识。但是，我们既不能受固有色的束缚，又不能完全忽视固有色的存在。

光源色：光源是指照射物体的光源的光色。色光中，光谱成分变化，光色就要变化。太阳光一般呈白色，但清晨的太阳光呈偏冷的红色，黄昏时则呈偏暖的金黄色，这就是太阳光光谱成分变化所呈现出的不同光色。其它，如月光呈青绿色，日光灯呈冷白色，白炽灯（锡丝灯）呈橙黄色，都体现了不同颜色的光源色。

舞台上的各式聚光灯，通过各种颜色的玻璃镜片或玻璃纸灯罩，射出的光就是各种色彩的光源色。这些具有鲜明色相的光源色极大地改变了物象固有色的呈色效果。演员在舞台上表演，面部、服饰都常常随光源色的变化而变化，浅色服饰尤为明显。

环境色：指一个物体的周围物体所反射的光色，它体现在距离较近的物与物之间或某些大范围内所形成的色彩环境。物与物反射出的色光，彼此影响而引起对固有色的改变，称环境色。这种改变，也是浅色物体比深色物体较为突出。

可见物体的固有色实际上是受光源色、环境色的影响而变化的。物体在不同的光源、环境条件下所呈现的色彩，色彩学上称"条件色"。了解物体的固有色与光源色、环境色的相互关系以及物体的色彩形成和变化规律，是研究色彩关系的前提。

三、原色、间色、复色、补色

原色：颜料的种类繁多，其中红、黄、青（蓝）三色未能和其它颜色调配，称之为原色、也称第一次色。经过和其它颜色的调配，而且按不同比例混合，再与黑白二色相混合，就可产生无穷无尽的色彩。

间色：以两种原色相混合，产生出来的一种颜色叫做间色，又称为二次色。如红黄相混合而成为橙色；黄青混合而成绿色；红青混合而成紫色。

复色：含有三种原色相混合，或二种间色相混合的统称为复色，亦称三次色。这种颜色对视觉感受来说，不象原色那样强烈。复色变化极其细微和复杂，能起到谐调作用，在绘画中应用得最多。因此它关系到提高我们研究和运用色彩的能力，不可忽视。

补色：亦称余色，是强对比色。在色环上任何直径两端相对之色称互补色。在色环上最强的补色对比有三种色调，即黄与紫、橙与青，红与绿（见彩图1）。

在绘画中常常选二原色的间色成为另一原色的补色，这是因为在人的视觉上，有一种追求平衡的要求。我们在看到红色时，红色的周围会出现绿色的感觉，即是寻求色彩的平衡，寻求补色的绿色，意思是要求补足三原色而达到视觉上的平衡。

四、单纯色、同类色、类似色、对比色

单纯色：是用同一种颜色，以其深浅不同组成的色彩关系。如深蓝、蓝、浅蓝；深红、红、浅红等几种颜色的组合，是一种单纯色，这些色调以朴素的色彩关系，可以使人产生单纯而不单调的美感。

同类色：同类色较之单纯色要丰富得多，但不失其单纯的美。如果在一种颜色中分别调入少量的其它颜色，都可以组合成同类的颜色，如橙、橙红、朱红、大红、曙红、紫红所组成的色彩（其中都有红的成分）；柠檬黄、中黄、土黄、赭黄所组成的色彩（其中都有黄色成份），都是组合而成的同类色。

类似色：又称近似色，是以一种原色与含有这种原色成分的间色，互相构成的色彩关系，虽然较之同类色有变化和比较丰富，但基本没有越出一种颜色的大范围，故称为类似色。

如：红—橙（含红色成份），红—紫（含红色成份），黄—橙（含黄色成份），黄—

绿（含黄色成份），蓝一绿（含蓝色成份），青到紫（含青色成份）。

对比色：其中包括补色，但比补色范围要广阔得多，例如黑与白在明度上说是对比色，但二者不是补色关系。根据光谱的原理，每个原色都有两个对比色，每两个原色之间的混合色也有两个对比色，如邻色混合色的对比色：

红橙——绿蓝、青蓝　　橙黄——青蓝、蓝紫　　黄绿——蓝紫、紫红　　绿蓝——紫红、红橙　　蓝紫——橙黄、黄绿　　紫红——黄绿、绿蓝

五、色调

绘画中的"调子"这个词汇，是从音乐艺术借用来的。在色彩画中的含义，是指一幅画中，有许多不同颜色的物体，笼罩着一定的明度色相的光源色、环境色，使各个物体固有色都带有一种色彩的倾向，在画中起着色彩支配作用，谓之色调。

色调可分为：以明度不同区分为亮调子、灰调子和暗调子；以色性来区分有冷调子、中间调子和暖调子；从色相上来分就更多了，如紫调子、黄调子、红黄调子等。

在写生对象中所反映的色调，是以主要光源色来决定的。早晨金色的阳光所照射，在画面上出现为黄色的暖调子；太阳落山之后，地面景物受紫蓝色天空的影响，画面成为冷调子；而在细雨迷蒙中的湖光山色，呈现出来中间色的灰调子……等等。当然，色调的形成，也还表现在所画景物中某一主要色块所占的面积和色彩倾向，纯度来决定的。

第四节　色彩写生的观察方法

一、整体的观察

整体观察，它来源于哲学上全面地、互相联系地正确认识事物的辩证唯物主义认识论。它是观察一切事物的方法，也是美学教学和学习中最基本和首要的方法。

自然界的一切事物，都是紧密联系的。因为在同一时间、地点、环境和光源的作用下，物体的色彩也必然是互相联系，互相影响的。我们常说的色彩关系，就是指物体的色彩是在互相对比，互相制约中形成的。因此观察方法只能是从整体着眼，从整体到局部，再从局部回到整体，不断观察、分析、研究、比较色彩倾向，这样观察而得到的色彩差异，既有统一，又有变化，能够表现出特定环境和时间所形成的真实感。

整体观察，就是要学会观察景物所呈现出来的基调（也称主调）。所谓基调可以理解为大的明暗关系、冷暖关系以及色相所占的主导地位。有了基调，作画才有了一个总体的色彩倾向和总体的色彩布局。试以画早晨的风景为例，首先对整个景色，要有一个总的印象，是明是暗，是偏红还是偏黄，其冷暖关系或是其它，天、地、物三者之间的色相、明度的区别如何？经过分析后便可以判断出整幅画的基调了。

二、反复比较

在基本色调总体布局确定之后，我们就必须运用比较的方法，来确定各个局部的色彩。因为色彩的细微差别，只有通过比较才能判定，不过，这种比较，仍然要着眼于大的色彩关系的比较，有经验的画家提出从四个方面去进行比较，实践证明是行之有效的方法，这些方法如下：

比纯度：可以画一些在不同光源下色调不同的变化的画，也可以画一些在早晨和黄昏时刻，光源色的光色鲜明的画，把这两种色调不同的画进行比较，容易掌握色调。

比明度：这里所说的明度是指在一幅画上，通过比较，找出最亮的、最暗的和中间色彩，这样也就明白了画面黑、白、灰的层次，处理色彩时不致混乱。

比色相：一般来说，色感明显的色相，是很容易识别的。这里所说的是有些色感不明显，其明度、冷暖又相差不大，这时就要以色相来区分它们之间的差别。

比冷暖：冷暖变化的表现，是色彩写生中最常见的变化，也是色彩写生中最富有艺术表现力的地方。在明度大体相同的物象中，进行冷暖比较，有如一堵白墙，有受光和背光的部分，如果细致地加以比较，就不难找出其冷暖关系。

三、提炼概括

大自然中的色彩是很丰富的，但也是美丽和杂乱并存的。其中还存在着许多偶然性的因素会破坏色调的完整，画家既不可能也不必要去摹拟自然，照抄自然。因为颜料中最浅（最亮的）颜色到最深（最暗的）颜色之间的色差比自然界中的物体色差要小的多，不用说太阳本身是无法用颜料照样画出来，就是火光、灯光等发光体，甚至是逆光的天空，玻璃器皿上的高光，也远远地超过白色颜料的明度，照抄是不可能的。我们只能把自然界的色差范围，按其色彩比较关系浓缩在画面之中来加以表现。色彩写生常要提炼概括，要在整体概括的基础上，突出重点，加强主要物体及主要部分的色彩描绘，来表达画面总体精神和色彩特点。

四、分析理解

在色彩写生中强调感觉，以直觉思维作画，这无疑是重要的。

只凭感觉作画，有可能被某些错觉所迷惑，例如太阳落山时，我们感到天空暗了，其实这种天空和地面景物相比较，还是很亮的。顺光时蓝天，感觉很亮，其实它暗于受光的浅色物体，逆光时看蓝天白云，总感到明暗差别很大，实际上其差别是很小的。要验证感觉的正确与错误，就必须依靠分析、理解、比较才能找出差别，才能找出色彩的变化和运用的规律。

第四章　水彩画技法

水彩画是以水做媒介，通过水的调和把水彩颜料画在特定画纸上的一种绘画。

近代的水彩画对我国来说是一种外来艺术。这个画种于十八世纪在潮湿多雾的英国首先发展起来，但据国内外学者们的研究，水彩画发展源远流长，**它产生于最古老的中国、印度和波斯**。

水彩画的特点形式单纯概括、色彩轻快透明、水分丰润，给人一种舒畅淡雅的感觉。它象音乐中的轻音乐、小夜曲，文学中的诗歌散文一样，**寥寥几笔**，便能使其意境突出，给人以一种纯真美的享受。

除了工具纸张外，水彩画在性质和观感上都和中国画的水墨画十分近似，同时由于工具简单，材料便宜，深受美术家、建筑师和广大群众的喜爱。

水彩画在绘制过程中，由于颜色、水份、时间互相影响较大，同时落笔为定，修改余地很小、因此在技法上的运用，比其它画种更为讲究，没有相当的 实践 经验 是很难 掌握的，一幅很有发展的作品，因技法不成熟，处理不当而毁于失败。尤其是对于建筑学专业城市规划专业的学生来讲，这门课程是非常重要的。

第一节　水彩画的材料

一、颜料

水彩色从原料上说是从动物、植物、矿物等各种物质 中提炼 而成的。 也有化学合成的。

水彩画颜料不同于油画和水粉画颜料，色粒较细，易溶解于水，其透明度较大，将水彩颜料涂到白纸或浅色纸上，容易透出底色，这是水彩颜料的显著特征。在常用的水彩颜料中，柠檬黄、普蓝、翠绿、玫瑰红和青莲最透明，朱红和桔黄 次之，土黄、**群青**、钻蓝、赭石、土红、粉绿等透明性稍差，但通过与水的调合，也可以使其产生透明的效果。水彩颜料的透明，使水彩画给人以轻快之感，从技法上宜于以重色盖浅色，以颜色的透明性与纸的反光性表现亮度，不象油画水彩画那样能用亮色覆盖暗色。

水彩画颜料中，群青、钻蓝、土红、赭石等，单独渲染或与其它颜色混合，会出现不同程度的沉淀，产生特殊效果。但沉淀的颜色干后易于擦淡或用清水洗掉。要熟悉颜色渗入纸面的牢固程度，以便作画时巧妙地运用这些特点。

二、画纸

水彩画纸是一种专用**纸。**有各种粗纹、细纹和大小厚薄等不同的规格。较为理想的水彩纸以洁白、坚实、纯净，不过分光滑,有适度的吸水性,并有一定厚度为佳。过分坚硬而光滑的纸对颜色附着力差。疏松的纸经不起修改擦洗造成作画困难。

三、水

水彩画是通过水和颜料调合来表现的一种画种。它靠水份多少来控制画面。在进行渲染和表现色彩层次时，调配颜色用水溶解，水色渗化交融，产生画面色彩淋漓，流畅湿润的艺术效果。

用水还可作清笔之用，在作画过程中应及时换取清笔用水，以免因水份中混杂的成分而影响画面效果。

第二节　水彩画的工具

一、画笔

水彩画笔一般用狼毫或兔狼毫制成，高级的水彩画笔用貂毫，因其经久耐用。选购用笔要求笔头含水量大，笔锋集中顶尖、不开叉，并有弹性、笔头外形普遍呈圆形，也有呈椭圆形的，过分扁形的笔因含水量不够不宜使用。

二、调色盒

调色盒一般以塑料调色盒为佳。调色盒有色格，还有较大面积的大格。使用时色格放颜色，大格作调色之用。色盒使用后，必须洗净、关紧。

盒内大格部分需保持洁白干净，如果上面带有别的颜色，调的色彩会受到影响。

色盒中的颜料排列应有一定的次序，因为水彩比水粉画、油画更怕色彩脏污。所以可根据明度和冷暖关系作如下安排。

白	柠檬黄	中铬黄	土黄	桔黄	朱红	大红	玫瑰红	深红	赭石	熟褐	橄榄绿	草绿	深绿	普蓝	群青	青莲	黑

三、盛水器

盛水器是存储水瓶和洗笔器两部分组合而成。目前市场上有塑料制的水壶，可挂在调色盒上。但存水容量太小，画者也可以选用别的合适的塑料水瓶或自己改制。

四、画夹、画凳、海绵

画夹：画夹具有画板和放纸作画的功能，室外写生用画夹较为方便，市场有成品出售，也可自制。

画凳：可支持身体长时间作画，可以不受写生环境的限制。以折叠式轻便而坚固为佳。

海绵：是水彩画的特殊工具，便于洗刷画面或吸水之用。有时也可以代替画笔作画。用它减色，统调，达到画笔所不能起到的作用。

第三节　水彩画技法

一、水彩画技法三要素

水彩画技法中，有三个决定性的因素：即水的运用、时间的控制、色彩的运用。因此，水、时间、色彩称为水彩画的三要素。

水：

水彩画的特色主要靠水的运用来表现。初学者用水时有两种现象，一是不敢用水，颜色中水分极少，使画面干枯死板，失去水彩画水色淋漓的特色；二是 大量 用水 而不加控制；水流满纸，模糊一片，看不清物象。

要摸索水和色混合后在画面上产生的各种效果，要善于控制水量和干湿时间，这与季节、气候、地理环境、室内与室外，都有很大关系。从描写对象来讲，画天空彩霞、烟云，水浪等远处景物，用水可饱和些。而近处景物，如树干、建筑、车船等用水可适当干些。用水的多少，根据情况要灵活处理。

时间：

这里指的时间，不是画一幅水彩画需要多长时间，而是指在作画过程中这一笔与那一笔相隔的时间长短。第一，在作画中，两色衔接或两色重复时，要掌握一个恰到好处的时间，该暂停运笔就暂停运笔，该继续运笔就继续运笔；第二，为了追求表现某种效果，运笔该快则快，该慢则慢。应做到抢时间要冷静，等时间要耐心。画幅小时间易控制，画幅太大时间难掌握，初学者画幅不宜过大，一般用一张纸的八开为宜。

色彩：

怎样才能把色彩运用好呢？第一， 要掌握和运用一定色彩 基础理论， 学会观察、分析、以至掌握自然色彩的变化规律；第二，熟悉水彩颜色的特征。第三，初学用色不宜过多，先运用少数几个色，逐一熟知它的色性和调配分量及变化效应，充分地发挥有限色彩的艺术表现力。

二、基本技法

（一）干画法

干画法是指在干底子上着色。分层次着色。其特点是：步骤稳当，便于控制水分。平涂、干后重叠、分割很多，都是在干底子上进行，这一类画法比较普遍。

（1）平涂：为表现物象单纯和平展的效果，运笔颜色均匀为平涂。平涂在水彩画着色中比较简单常见。在画大面积的物象平涂时，可以在色彩上逐渐变化。采用此画法一般是作局部画面的描绘，适用于表现平面变化不大的物象，也适用于体面清楚，对比强烈物象。

（2）干画重叠：是干画法的主要着色方法，常用于加强色彩的明暗关系，利用水彩的透明特点，层层加色，使色彩丰富，厚重。但重叠次数太多，也容易造成呆板、琐碎和脏污等毛病。常用此法塑造形体复杂的物象。

（二）湿画法

湿画法是在纸的湿底上着色的方法。趁纸面水份未干便进行继续着色，又名连续着色法。常用于表现物象的色彩变化。湿时连接，湿时重叠，湿时点彩，沉淀都是在纸面上的水、色未干时进行，均属于这一类画法。

在着色的时候，将纸面全部或局部染湿，甚至在已干的色层上染水，再进行着色，是湿画法中经常使用的方法。利用水份的自然渗化，可使笔触强度减弱。色彩混合呈朦胧状态，给人若隐若现感觉，有水色淋漓的特殊效果。这种画法适宜表现迷离，虚远、幻变莫测，明暗色彩柔和的景象。有如雨景、雾景，远景以及物象虚的部分。着色时要适当控制水分，充分估计纸的湿度。着色的时间和用色浓度，是难度较大的。

（1）湿时重叠：这一着色方法是趁画面水、色未干时进行重叠着色，使色彩柔和润泽、笔触减弱，由于色彩的补充而达到完美地步。适宜表现形体圆润，质地平滑，细腻，明暗接近的物象。在画大块基本色调时亦常用此法。

（2）湿时连接：就是趁湿不断连接色块来表现对象的方法。采用湿时连接法着色，颜色相互浸润、渗透、衔接自然，溶为一体而有变化，既可便于在画面展开铺色，也可用于局部描绘，最适宜于速写性的水彩画，有一气呵成和生动活泼的优点。这种方法对锻炼敏锐的观察力，捕捉顷刻即近的形象极有好处。

（3）湿时点彩：这是趁画面水、色未干时用色点补充，利用水的流动性使它自然融合，求得色彩变化的效果。在色点补充的时候，应稀疏交叉点为好，点得过于密集了便会变成点的色相，破坏了原来的面目。

（4）沉淀：水彩颜色质地是有差异的（包括颜料质地轻重）经水溶解浮动，有些色浮在纸面上，有些色沉淀到画纸的纸孔里。后者正好为水彩画创造了一种特有的沉淀效果，这种具有沉淀性能的颜色使画面色彩富有变化，对表现大面积的天空或背景，给人以一种空气感。采用这些颜色和方法时，调色水份要足，颜色中易于沉淀的群青、土黄、土红、熟褐、湖蓝都可选用，画面纸表面较粗，则效果更好。

干、湿画法结合使用的规律，归纳起来大致上是：先湿后干，远湿近干，宾湿主干，软湿硬干，虚湿实干。

（三）水彩画用笔方法

水彩画用笔：点、勾、涂、染、皴、擦、扫、拖、揉、洗以及甩笔方向等等。是根据笔的大小软硬，笔形圆、扁、尖、秃不同而采取，中锋、侧锋、顺笔、逆笔、抑扬顿挫使用笔技巧富有变化。有的笔触明显强些，有的柔和细腻。

画大面积色调、大色块时，笔锋水分宜多不宜少，舍弃一些细小的东西概括性强，用笔宜大不宜小。

画远景笔触减弱，有如地平线，天空、背景要概括用笔。画远处的实体笔触明显，强调与光暗有关的山石、树木、建筑用色，使描绘的实体细腻而不杂乱。

用色彩来塑造形体，是通过暗块面结构来完成的。为了表现体感，用笔宜方不宜圆。

枯笔用在粗纹纸上，画时可以露出空白，增强了表现力。

侧锋与扁笔，有利于分清块面，中锋与圆笔，笔划比较厚重。

三、特殊技法

（一）水彩中加白粉

在着色前先在纸面上铺一层薄薄的水粉，当水粉干以后，再用水彩色着色，这种方法可出现接近于沉淀法的特殊效果。

（二）加油类物质

在水彩颜色调合时，加进一些具有挥发性的松节油、汽油便会产生一种斑纹状态。这种画法是利用油水相互排斥的特性，产生意想不到的机理效果。

（三）掺浆糊

在调色时掺上稀薄的浆糊，全增加笔触的效果，它的优点是干固后附着力十分牢固，不仅能控制水份，而且可保持水彩的透明度。

（四）蛋清画

用水和鸡蛋清调入水彩色作画。它的优点是干后有很大的附着力，使用时能较好地控制水份，且有滋润的感觉，适合于多层次的加工。

（五）色纸画

利用水彩色的透明性，借助纸的底色统一色调，可以在有色纸上作画，如灰色调，可以选用淡灰纸，暗调上可选用茶褐色的纸，也可以在白纸上染出一种颜色，待干后再用。

（六）固体油性笔的运用

在水彩着色前使用白蜡、蜡笔、油画棒之类的笔在画面所需要的地方画上一些线条或高光笔触，然后着水彩色，能增加一些特殊的意味。有些画家还在水彩画基本完成后，用油画棒或粉笔在画面上进一步加工，使画面笔触对比强烈，增加厚实感，丰富感。

（七）滴、撒、喷、刮、吸、洗

水彩画主要用笔作画，但并不能排斥使用其它工具和特殊技法。因为工具和技法是在不断改进和创造中得到发展的，有如：

（1）滴：当画面水、色未干时，用画笔蘸清水滴绘，经过滴绘部位的水迹着向外扩充、形成朦胧的感觉，十分自然。如画积雪的树枝，就可以采用这种方法。

（2）喷：是用水喷洒在半干的画面上，可用毛刷通过纱网喷洒或用喷洒嘴等工具操作。喷洒到的画面露出白点，对表观雪景，雨景很适宜。操作时，对器具与画面距离及水点的疏密关系要适当掌握。以便恰到好处地表现所画的对象。

（3）撒：一般是指在画水面，色未干时撒盐（食盐），或其它吸水性的物质、使画面造成美丽的斑点，具有一种肌理的效果。它与喷的方法有些类似，但产生的斑点肌理效果是有区别的。

（4）刮：是在干湿不同的纸面上刮出不同的痕迹。用竹片、笔杆、手指甲都能刮出一定的痕迹。也是表现手法之一。

（5）流：是利用色彩水份的流动，形成画面的一种形象，然后再深入加工。

（6）吸、洗：这是在作画过程中常用的两种方法吸是用画笔、海绵、吸水纸等有吸水性能的工具，用于减少画面部分水色，提亮明部浅色或暗部反光，都在水、色未干时进行。

第四节　水彩画的方法步骤

一、怎样表现色彩

要使面中的颜色成为画面上的色彩语言，必须经过组合，组织成色彩调子。在写生画中的色彩调子是以客观对象及其所处的时间、地点、条件为依据的。但颜料的种类有限，由最浅到最深之间的色彩与自然实物之间的色彩相比，要小得多，更不用说自然界还有光的存在，要画得与自然界的光色一模一样，是不可能的。那么，怎么使画面的色彩感到真实可信呢？这就要求把自然界的色彩范围从明到暗，从冷到暖，按其比例的关系浓缩在画面中，这也就是概括的方法，即所谓的"看关系"、"画关系"，可以用素描的方法，假定画近景的树色度为10，中景的山为20，远景的山为40，天空为50，其色度差别从10到50，以10为最深，50为最亮，当然颜料中没有达到50的亮度，若将色度按比例缩小为1、2、4、5，这样与所画对象的色彩虽不完全相同，但比例基本相同、关系较为恰当。只有这样才能把所画对象的色彩特点较正确地表现出来，色调的冷暖同样如此。

二、水彩画的方法步骤

水彩画写生全过程分为：准备、构图、着色、调整充实四个阶段。这四个阶段又是连续地一气呵成的，不能机械地分开。每个阶段均有明确具体的要求，这样的要求一次完成作业的练习，将有助于提高绘画的效率。

（一）准备阶段

准备阶段包括作好工具、材料的物质准备。这里所说的主要是指对描绘的对象要有一个思考准备：想表现什么？如何去表现？通过观察、分析、酝酿，以及立意和表现方法等方面都要加以考虑。我国古代画家十分重视"立意"或"意在笔先"。指的是从基本练习到创作的思想训练。习作与创作并没有明显的界限，有时一幅好的习作也可以成为一幅创作。所以，要让这种精神准备贯穿到整个作画过程中去。即使失败也不要紧，继续练习，多总结经验，使情绪体验于技法锻炼，审美境界向前推进一步，逐步达到得心应手的地步。

（二）构图、打轮廓阶段：

构图，亦叫"章法"，画面中的一切形象是通过构图来体现的。如：位置恰当与否？形象比例关系如何？主次关系，对比关系，虚实关系等等都要作全面考虑。应先把形象的大关系用直线定下来，再进一步地把轮廓打好，但不必繁琐，主次关系要明确，光暗界限要分明。形体结构作重点交待，并打上必要的记号。

（三）着色阶段：

着色可以分以下几个步骤进行，但不能机械地分开。

大体着色：着第一遍色，着重对基本色调用大色块表现。明部最亮的地方可空出来。找出大体色调的冷暖色和虚实关系，不必拘泥于细节的描绘。一般应从大面积的中间调子开始或暗部开始，留有余地不宜画得过深，最深处留待最后加工，若从明部开始，对比关系不易掌握。亦不便于比较。所以按中间调子开始，达到符合所画的色彩关系，为下一步塑造形体打下基础。这就是"光色后形"的方法，如果开始铺色时谨小慎微，不大胆落笔，就很难获得色彩生动的效果。另外，水彩画在铺大体色块时，笔端的水份一定要充足，用笔要大些，可以迫使画者从整体出发，不停留在一处画，因为久在一处停留，别处的颜色就干了，不利于趁湿衔接。当然，有些轮廓分明、需要等水、色干后再加工处理的部分，不妨暂时先空出来，留待水色半干或全干后再画。

铺画大的色块的特点是：主要掌握基本调子；采取湿画法较多；用笔宜大不宜小；力求概括得当。如果定色定的不准，应趁湿随时调整，但发理画面需要调整的局部已半干半理，就不能再落笔了，以免产生斑点水迹，等它全干后再作调整。大块着色是至关重要的一步，若这一步画的基本正确，修改加工便比较好掌握了。

深入加工有两句话："在开始铺色时要勇'破'，深入造型时要善'塑'。"即敢于破除次要边缘的束缚，紧紧抓住关键的部位，使形体结构的变化得到充分地塑造，使形、色自然地结合起来。一般来说，从主体入手，但必须照顾到全局。要求整体观察，不要因为画局部而忽视整体，陷入琐碎中去，同时调整色块、有些地方大体上色，正确就不必去动它了，只纠正部分色块，深入描绘时可干、湿并用，使画面既保持湿润的感觉，又有体面感。

深入加工基本上采用干画法，重点在刻画整体形象，虚的部分仍保持原来的生动性，用笔十分讲究，在理解形体块面结构的基础上，要注意画面的精神实质，使笔触有助于增强画面的表现力。

（四）调整充实：

画面基本完成后，应审视全局，作一些重点处理，不能认为是普遍的加细工作。所以，落笔要慎重。检查一下整体效果，可能会发现一些问题，其中有属于形体结构方面的，有属于空间或虚实方面的，有属于色彩用笔方面的、也有属于审美情趣方面的，该加强的加强，该减弱的减弱。对画面个别局部，虽画得比较满意，但与整体关系不协调就要割爱。总之，要注意提炼取舍，不能平均对待。经过调整，落笔虽不一定多，但很扼要，有时能达到"画龙点睛"的效果。

三、水彩画着色程序

水彩画着色，初学时，可以按照下列程序去画：

（一）先浅后深。

（二）先远后近。

（三）先主后次。

（四）先画大面积，后画小面积。

（五）从最鲜艳、最简单的颜色画起。

（六）先色光后形体。

（七）先从易变、易动的部分画起。

（八）全面铺开，逐步深入。

这些程序，对于较深造诣的画家来说，就不一定完全按此办法去画，而有其独特的手法和风格了。

第五节　静物写生的训练方法

水彩静物写生的训练，总的来说其目的是培养初学者识别色彩，运用水彩技法，达到表现对象的能力。

一、关于认识和运用色彩能力的练习

（一）研究光源色、环境色对物体固有色的影响变化，在练习中有计划地安排不同光源以及光源照射角度的变化。

（二）各种色彩调子的写生练习。安排这类习作时要有计划地安排不同色相的各种调子，如：红、黄、蓝、绿……明度上的亮、暗、灰调子，色性上的冷暖调子等。

二、关于静物质感的认识和表现练习

按照不同的物体质感的差别，分别进行练习，重点研究不同物体的反光特性以及表现这些不同质感的物体肌理特征和特性。

三、关于对空间感的认识和表现的练习

先安排从单个静物写生、组合物写生，再安排面积大，物体多、关系较为复杂、空间较为深广的静物练习。也可以画一些室内陈设的一个角落等。培养初学者在有限的空间上，表现三度空间，画出静物主次、前后、虚实的关系。

四、室内色光的变化规律

（一）空间色彩的变化规律

室内光线较之室外光线一般来说要弱，但很稳定，不易受季节、气候、时间变化的影响，采光也较为自由，因而比较易于控制和把握。

（二）色彩冷暖变化规律

（1）物象亮面色彩冷暖及色相，受光的冷暖与色相的影响。如果光源色的色光强，物象原面的色彩冷暖就依光源色的色彩为转移；若光源色的色光弱，则物象的固有色的冷暖起主导作用。

（2）物象暗面色彩冷暖与色相，受环境的冷暖与色相影响。如果环境色的色光强，物象的冷暖依环境色的色彩为转移；若环境色的色光弱，物象固有色的冷暖起主导作用。

（3）物象中间部分（中间调子，又称半调子），以固有色的冷暖及色相为主，同时受光源色及环境色的影响，但不显著。

（4）亮光本身的色彩，主要看光源的强弱而定。若光源色强，高光即光源色，同时还随着物体本身的反光特性的强弱而不同。

（5）明暗交界线部分的色彩冷暖及色相基本与暗部相同，但在明度上较亮，受环境色的冷暖和色相的影响较暗部明显。

（三）色彩强弱的变化规律

（1）物体离光源近，受光面明度高，背光面明度低，形成对比强烈的反差。反之，若物体离光源远，反差则小。

（2）距视点近的物体感觉强，远的感觉弱。

（3）明度距离大体相同的物体，暖色系色强，冷色系色弱。

（4）多种物品放在一起，其色相、黑白及冷暖对比越大越强，越小越弱。

（四）侧光、逆光、顶光、平光（正面光）下的物体色彩变化规律

（1）侧光：物体感强，调子丰富，层次较多，亮面，半调子及暗面，反光等色彩变化明显，易于辨别。亮面受光源的影响大，明度高低决定于光源的强弱，色相既受光源的影响，同时也呈现出固有色；半调子部位以固有色为主，同时受光源和环境色的影响，但不明显；明暗交界线（实为面）的色彩是固有色加深，同时受环境色的影响；反光部分受环境色的影响较大。从整体而言，亮部和暗部的色彩冷暖，总是呈现出相反的趋向。

（2）逆光：逆光下的物体是主体深重，物象的外轮廓受光源的影响大，其色相色性主要反应光源色。有时外形呈剪影状，物体大面积处于背光，色彩变化微弱而复杂，对比柔和，体感不强，其阴影长而沉重，物体的明暗关系就总体而言是上部暗下部亮。

（3）顶光：光源来自物体的上方，如天窗射入的光和上方投入的灯光，使物体朝上面的部位明度强，色彩的冷暖以及色相受光源色的影响、半调子部位的色彩以固有色为主，同时受光源色和环境色的影响，但不明显。背光部分受环境色影响大，因光源来自上方，水平面接受光源的位置大。因此一般反光强烈，环境色影响明显。

（4）平光：平光（正面光）照射下的物体，其轮廓清晰，体积感不如侧光下的物体强，但结构明确，色彩以固有色为主，层次变化微弱、明暗、对比都不大，环境色主要来自背景的反射，反映在物体轮廓的部位，但一般都不明显。画平光下的静物写生时，由于色彩变化较少，若不细心观察，精心处理，就容易使画面色彩单调，特别是在物体之间的色调，明度，冷暖区别细微的时候，更难找出色彩的变化。这时，我们就要采用比较的方

法，概括起来就是："明度相同从色同、冷暖上区分；冷暖相同从明度上区分。"这样，就不难找出微妙的差别了。

五、质感的表现和背景的处理

表现物体的质感，是以其结构，明暗、重量、质地、肌理等多种因素来综合表现的。不同质地的物体，如木、石、陶器、金属等，对光的吸收和反射具有不同的特点。由此而构成"质"的外表特征；给人以不同的视觉印象，因而产生了"触感"的联想效果。这说明我们通过描绘物体对光的吸收和反射状态来表现物体质地的光滑，粗糙或是软硬等特点，物体的种类很多，为了阐述方便，可将物体质地的不同概括为以下三种：

（一）表面坚硬光滑、结构紧密的物品，如瓷器，电镀器皿、玻璃和金属物品等，它们都具有强烈的反射光的作用。这类物品上的明暗对比强烈，受光源色和环境色的影响很大。反光相互映照，色彩变化多端，亮部最突出点（或面），受光后成垂直反射，产生出最有表情的辉点（或线面）。因而高光强烈，物体固有色相对减弱。表现这类物品，重点是表现其亮部，高光和反光的色彩。要画得坚实，肯定有力。除反光部分和明暗交界处，第一遍色可用水较多外，其余部分都不宜过多，高光部分可留白纸的白色，然后用肯定的笔触干净利落地扫上光源色，使之明确。如暗部色彩弱，可先画上固有色后，再画环境色（也可反过来先画环境色，后画固有色），还可以在固有色不干时，用含水不多的湿笔擦去一部分固有色，这时环境色就会自然而生动地显示出来。

（二）表面粗糙、柔软、质地疏松的物品，如棉布、呢绒、毛制品及鸡冠花一类的花朵等。它们由于质地粗糙、柔软和疏松，因此反光不强，色彩过度不明显，明暗和冷暖对比均不太大，受光源色和环境色的影响也小。固有色相对突出，高光不明显，没有强烈的辉点。画这类物品要着重其固有色，同时找出微弱的光源色和环境色的影响，加强明暗层次的处理，用笔含水量要大些，笔触要柔和生动，交接要自然，可多用湿画法，利用其渗化和水色扩张的效果。运笔宜松，虚实结合。因高光不明显，可先画上物体的色彩再用净湿笔提擦，使之自然显现。

（三）第三类，塑料、皮革和木制品等。它们的反光特点呈中等程度，光源色，环境色和固有色均能呈现。表现这类物品要结合实际，采用与之相适应的技法。表现粗陶器之类的物品，可用沉淀法，有利于质的表现。

不同质地的物品，都有各自的肌理，如木纹，织纹、颗粒……等。在表现质感时要注意刻画，采用积色，沉淀等方法加以表现，有许多特殊的办法可以使用，如食盐、油画棒、蜡笔、浆糊、海绵等。使用恰当，对表现加强质感，能起到良好的作用。

有些静物充满了生命力，如蔬菜、瓜果、花卉等。画这类物品时，要画出其盎然生气。运笔用色要做到生动自然、富有活力。

在这里，介绍《玫瑰》水彩静物一幅（见彩图2），作画时可在把握整体的基础上采用局部完成的写生办法：

彩图2-A，先用铅笔或单色轻轻勾划出对象的大体轮廓，做到构图舒适。一般先从背景开始上色，这样使对象（红花）置于统一的大色调关系中，宜于比较作画。

在背景色未干时，即画上偏暖的绿叶的大体色。注意绿中偏橙，使其和红花更为协调。

彩图2-B，绿叶色未干时，随即接上深陶罐的暗红色，空出亮光，一气呵成。罐上的花纹也须在底色未干时，以极厚的黑红色随手勾出。

彩图2-C，从最上面的一朵粉红色花开始，从上到下，逐步画出每瓣花朵的大体色。画这些鲜丽的浅红色彩时，笔要净，水要清，色也要干净。

彩图2-D，接着画红花与桌面上的浅红花朵。红花的深色暗部须在湿时加上。一般地说第二遍色要比第一遍色厚些。

最后刻划花朵与叶子的细部，并作整体调整，必要时可有所取舍，使主体更为突出。刻划细节时仍要注意笔上含水、含色的程度，切忌太干枯了。

第六节 风 景 写 生

与静物写生相比，风景写生有以下几个特点：视野广阔，内容繁杂，光色多变，层次深远。

风景写生，对于初学者，面对广阔、庞杂多变而又深远的大自然，如何选择景点？如何取舍概括？是一个组织构图的问题。

选景时要注意远、中、近景层次分明，黑、白、灰调子较为明显，立体物较突出、富于节奏感，色彩倾向较为明显的景色。

取舍概括就是要分辨主次，有选择地使画面形象既符合自然规律，又具有真实的美感。这样就适应人们的认识和合乎情理之中。可以在组成画面时对于琐碎分散的物象进行剪裁、夸张，或削弱。

组织构图时要利用色彩、透视、明暗、位置、体积、方向、节奏等因素来诱导视觉形成重点，着意刻画能使观者立即纳入眼帘的景物。

在风景写生时，要在有限的画面上表现深远感，就必须解决空间层次的表现问题。即先要处理好画面的透视关系；其次要利用冷暖、明度、纯度的不同，表现空间关系，然后要利用主次浓淡和虚实，处理表现空间的层次。

在风景写生中，往往可以发现同一景物因时间的改变，会产生不同的色彩气氛，这实际上就是光色变化在起着主导作用。光能显现形体和色彩，也能改变形体和色彩，能显示时间、影响气候和季节，而产生某种气氛和某种特殊的情调。因此研究光色变化规律，就成为室外写生的重要课题。

室外光色虽然变化万千，但也有其一般的规律可循。光线的强弱，决定物体明暗和色彩对比关系。光强，物体的明暗对比强烈，体积感也强，受光部分和环境反射部分的色相、明暗及冷暖对比也较为强烈。反之，则对比相应降低，这是光色变化的一般常识。

因气候影响而产生的光色变化：气候变化中的阴、晴、雨、雾是常见的自然现象，不同的气候有其各自的光色特点，也给人以不同的情绪感染和联想，表现这些气候变化的特征可以表达一定的思想情趣，反映出画家对大自然风光的感受。

风景写生要处理好空间层次的表现，关键在于处理好近、中、远这三个层次的景物，我们要学会对复杂的景物有意识的进行组织，将景物加以归纳，运用透视、色彩，掌握好水彩画特有的干湿画法和特殊技法，力求层次分明。这是画好水彩风景画的关键。

风景写生，还必须整理和记忆。"保持第一印象"或"最初的感受"，贯穿于整个作画过程中。因为这种印象和感受，虽然不够深入，也许还不能理解，但它是敏锐的、新鲜的，并且是从开始接触的繁多的景物中概括出来的，对绘画这种诉诸视觉感性的艺术来说，是重要的。所谓"保持"，就是指形象记忆的能力。画好风景写生画，除了具备组织画面和表现技巧能力之外，这种形象记忆能力是必不可少的。因为在写生过程中，景物的光色是随时间的流逝而不断变化的。某些事物的形体也是在流动和飘移的状态中，如烟、雾、流水、舟车、动物等等都是如此。要抓住这些事物的特征加以表现，无论是在写生或加工整理时，没有将最初感受予以再现的能力是不行的。

下面介绍一幅《天目道上》水彩风景（见彩图3）。该画写生的方法和步骤如下：

这幅作品作者选取了山林路面的"S"形构图与浓淡、冷暖、虚实的种种对比，以形成房屋为主的画面中心。

彩图3-A，先用铅笔线画上轮廓，确定构图，然后以极淡的天空色画在画面的上半部。趁湿时接上远山的浅兰紫色。

彩图3-B，趁天色未干时，再以大笔画上灰绿的大块面的树丛。画大块面树丛色时，可以空出前边的树干，也可以不空出，这要看树干基本色调的浓淡来决定。

彩图3-C，画上近处树丛绿色，上下里外均有冷暖变化，须趁湿时逐步衔接好。一般是树丛的外轮廓线浓些，里边淡些，中间天空色上的这片树叶尤浓。以形成黑白对比的艺术效果。

彩图3-D，接着画上画面左边的房屋及围墙、小树丛……。待第一遍色干后，再铺上天上冷光照射下的路面和屋顶。这种微微发青的浅色画准了，才能典型地表达出雨后清新而又湿润的景色。最后在不断的比较中，刻划房屋、树枝、路面的种种细部。尤须注意的是近处路面几根并排的透视线，形要准确，不能画得太琐碎了。

第五章 水 粉 画 技 法

水粉画颜料是由配以色粉、树胶、甘油、水份等制成。使用时，水溶化颜料进行调配，然后在纸上作画，一般用水彩纸，但铅画纸、制图纸、白卡纸都可用，也有的画在板上或布上。水粉画使用颜料时要调配白粉末表示明暗，也可以通过水份的多少来显示深浅，厚画具有很强的遮盖力，它有些象油画，是和油画厚重的感觉相似，用水调稀漂画又与水彩画相似，具有明快、润泽的效果。可见水粉画是一种表现力很强的画种。

第一节　水粉画工具的性能及特点

水粉画和水彩画都以水调色，因而含水多颜色稍薄，便有水彩画的流畅、湿润的特点；水粉颜料又因为是不透明的粉质，有很大的覆盖力，因此水粉画又具有油画的某些特长，可说是水粉画兼有水彩画与油画的一些特点，这些特长为表现技法提供了很好的条件。

水粉颜料干得较快，所以第一遍画完后，可以在较短的时间里再画第二遍颜色，便于表现较多的层次和细部的刻划。但是水粉颜色干湿的变化，却成为初学者不易掌握的难点。颜色在湿时深一些，干后变浅，特别在已干的底色上重叠新色，其干湿色彩的深浅变化较大，因此，在作画的过程，特别是在多层覆盖上色时，比较难以准确判断颜色干后的效果。

画笔的选用可以根据个人习惯和作画的需要，习惯于薄画者可用较软的笔，如一般水粉画笔、水彩画笔、国画笔或扁头笔与圆头笔皆可；习惯于厚涂的可用油画笔、画刀、竹片以及多种工具合理使用，可以表现出更为丰富的艺术效果。

第二节　水粉画的基本技法

一、水粉画的着色要点

（一）从整体到局部

整体的观察。整体的表现，是作画的一条基本原则。要从整体的大色块去观察和分析，根据对整体的感受，从大片颜色着手进行描绘。对画面的基本色调要事先考虑并坚持至终，任何局部的色彩都要服从整体，从总体着眼，从局部充实。

（二）从深重色到明亮色

水粉颜料易于覆盖，浅色可以盖住深色，所以可从大片暗色开始。从暗色逐渐向亮色过渡，及时把握画面的明度对比，同时有益于保持形体的准确。但细小局部的暗色，可以后加，不一定过早地画上去。在一般的情况下，是先画暗色后画亮色，逐步加深，突出画面的受光部分，使画面色彩更加响亮。

（三）从薄到厚

画水粉画往往画家有不同的习惯画法，有的习惯发挥水色交融的特点，采用薄画法，近似水彩画的效果；有的习惯借助水粉的覆盖力，喜欢厚涂，效果接近油画。但一般情况是采用厚薄结合，先薄而渐厚。开始画薄，以流畅的运笔较快地画出基本色调，渐次厚涂。如果开始就画得很厚，深入刻划则越加越厚，画面就会缺乏厚薄变化的生动性，同时，水粉颜料在纸上堆的过厚容易脱落。

二、水粉画的基本技法

（一）干画与湿画

水粉画与水彩画的干、湿画法基本相同，所不同的是，水粉画的干画法可以涂的较厚，能够覆盖住原来的颜色，宣于初学者对形体结构色彩的分析和修改。湿画法则用水份使湿的颜色互相晕接渗化，多用于远景、暗部和虚处，以增加虚远和透明感。

无论干画湿画，皆应水份适当，用色过干，颜料过于粘厚是难以运笔的，而水份过多，则会减弱色彩感并容易在画面造成水迹，影响对形体的表现。通常运用水份，应以能够流畅运笔并能覆盖底色为宜。

（二）色彩干湿变化的掌握

水粉颜料在湿时和干后色彩变化较大，它与水份的多少及纸的吸水性都有关系。在吸水性强的纸上作画，颜色干湿变化显著。吸水不太强的画纸，可先薄画，逐渐加厚颜色，少用水份，干湿变化就小。另外，在铺完大色调后。有些部份可趁未干之时基本完成，避免反复调整和涂改。如果某些部份在干后必须修改，也可以在要修改的周围涂一点清水，然后再动笔，便容易找准颜色。

（三）颜色的衔接

在写生中，常常需要一种颜色从浓到淡，或几种颜色的渐变衔接。例如，圆形物体从明到暗的自然过渡，画时就要使颜色的明暗衔接好。画一个小女孩，脸蛋很圆润，从明到暗的色彩过渡比较微妙和柔润，若使用强烈的笔触和色块缺乏柔润的转折，会破坏脸蛋的质感，最好的方法应趁湿衔接，可以避免生硬转折的痕迹。画一遍不行，可再用同样的方法画一遍，但颜色不要太厚，在交界处用笔稍加揉扫，便能达到柔和的效果。

（四）白粉的运用

白粉是水粉画中不可缺少的色彩，用量比较多。它既能提高颜色的明度，增加画面亮感，又可使颜色增加色阶，丰富中间色调。例如画近处，亮部、高光处，白粉的调用量更大。当然，如果在整个画面中过多地调用白粉，容易造成色彩的明度和纯度的不足，出现"粉气"。反之，不敢调用白色，则又产生画面色彩"火气"或灰暗。所以，对白粉的使用要恰到好处。

白粉能提高颜色的明度，同时又能够降低色彩的纯度，也常常会改变色彩的冷暖。例如；大红色加上白粉，明度比原来提高了，纯度相反降低，加白粉后的红色比原来的大红色变冷了。因此白粉的使用应持慎重的态度，不可滥用。

（五）笔法的运用

用笔蘸色在纸面上作画，一般会留下笔触，所谓运笔的简练、巧妙和生动给作品增添光彩，正是笔触用以表达物体的形和体现画家内心的感受。从形来讲，笔触是根据形体和结构的特点而发挥的。从感情方面讲，笔法是受到作者作画时的情绪所驱使的。初学者往往由于心中无数，缺乏经验，运笔揉搓涂抹过多而造成画面污浊，形体混乱，或是不从具体对象出发而一味追求所谓笔触,大笔一挥,以至使色彩生硬、虚假及缺乏质感。笔触应是自然形成的,一般运笔主要是涂、摆、拖、勾、点、压等,应根据描绘对象而采用薄画或厚画等情况灵活掌握,不要拘泥于某种定式。

第三节　水粉画的画法与步骤

一、静物写生

（一）静物的选择与配置

静物如何配置组合,常被画者所忽视。人们以为只要仔细观察,用心作画就能画出好画。其实静物写生与对象的组合有很大关系,如若写生对象组合配置得不好,即便有经验的画家,亦很难画好,反之,所摆的静物造型很美,色彩、光暗配置得恰当,颇有绘画情趣,对画面的组合便能收到事半功倍的效果。所以静物的选择与配置,可从以下三个方面考虑。

（1）合理性。一组图书之类的静物,中间安放一个酱油瓶子,显然格格不入,令人感到很蹩扭。体育用品的球类与蔬菜混杂在一起,也很不适宜。因为它们之间毫无联系。所以对写生物体的选择一定要富有日常生活常规来考虑,并做到合理配置。

（2）构成因素。静物画的构成是以形象、总体结构、色彩、质感、空间和采光等因素为主的,如器皿,应选择造型美,色彩花纹好看一些的作为写生对象。在一组静物的整体结构上,应考虑到物品大小、高低的搭配、空间位置的安排,以及光暗色彩的协调等因素。主次关系上应突出主体物,并与其它物品呼应和谐、构成均衡、变化而又统一的艺术整体。

（3）难易度。静物写生大都作为初学者入门的课程,应适当考虑组合配置的难易度。开始时可选择一些物体稍大,形体结构较为简单、反光特性不强、色彩较为鲜明的物品来画,但色彩也要统一协调,不因物体鲜明而失去协调关系。那些过于复杂细碎的物品,对初学的人来说是比较困难的。随着练习的深入,可以逐渐增加其难度。例如可先画陶器、水果。然后再画瓷器、蔬菜之类,再进一步画玻璃器皿或金属器具等。花卉、呢绒、丝绸之类难度也是比较大的,可以安排在更后的阶段。

（二）静物写生的方法步骤

（1）起稿:正式起稿可用铅笔、炭条,或直接用颜色。用铅笔或炭条不宜画的过重,更不宜用橡皮擦改。如有一定的造型能力即可直接用颜色起稿,或用单色线条勾出轮廓,或勾线稍示明暗。

（2）着色:静物写生时,要抓住大的明暗变化,颜色的浓淡和冷暖。要注意从整体出发,掌握大的色彩关系,立体物、背景和桌面的关系。开始时色彩要画得薄一些。

（3）深入:要注意对象的细微而美妙的色彩关系,认真刻划主体物品质的特点。

金属、陶瓷、漆器等光滑的物体,常常用强烈的反射光源色而使自身的固有色变得不明显,因此要着重表现它们的高光后反射环境的色彩。用笔用色应衔接自然,画高光要肯定有力。

质地软、表面粗糙的物体,明暗对比弱,对光源色和环境色反映迟钝,其固有色较为显著,表现此类物品可着力于固有色的变化,同时用笔宜轻柔,用色宜湿润。

（4）调整。在完成细部之后,需从整体上进行观察和比较,这是一切画种进行写生习作的必然的重要程序。凡因追求细部形体或色彩而影响整体色调的,必须舍弃或修正之。需要含蓄、虚远而画得过跳过实的局部，则必须予以调整，使其服从于整体空间的关系。总之要将一切破坏整体关系的局部，尽可能调整得恰到好处。

下面以《苹果汽水》水粉画（见彩图4）为例，其写生步骤如下：

彩图4-A，先用单色(初学者可先用铅笔)画出对象的大体轮廓和明暗,基本确定构图。

彩图4-B，铺大体色，一般先从大块色彩的背景、台布以及色彩鲜明的苹果入手，这时应注意物体间的大的色彩关系，把握整个画面的色调。

彩图4-C，从主要物体开始，逐步深入刻划，一般画到七、八分程度为宜。此时应该做到色彩、形体、结构基本关系正确，色彩鲜明而又和谐。

彩图4-D，最后进行局部和整体的调整，这时应尽量多看，多比较，从整体观察着眼，进行概括处理，使主体更为突出，色彩更为协调。

二、风景写生

面对自然景色直接写生，是练习色彩表现技能的有利途径。

开始画风景画，视野广阔，浮云流水，色彩光怪陆离，容易感到无从着手。应该由简到繁，通过房屋建筑，天地树木，江河湖海，春夏秋冬，风雪雨雾等不同景物和不同气氛写生练习，逐步掌握风景写生色彩的规律和运用各种的表现技法。

（一）水粉风景写生的方法概述

在风景写生中应注意的几点：

要整体地观察和研究自然景色的色彩关系，抓准总的色彩调子，表现具体的时间、地点和色彩气氛。

对景物的表现要力求概括，天、地、物、远、中、近、黑、白、灰的大关系要表现出来。比较景物之间的层次对比关系和色彩的冷暖变化，要善于抓大关系，也善于舍弃琐碎的色彩变化。

要尽量画得快一些，因为光线和环境气氛变化很快，上午和下午是不相同的，一般不应超过半天。如果画幅较大或是所要表现的内容较多，可以等到第二天同一时间完成。

作画时要注意水份和笔触的运用。要保持画面的润泽效果，要充分利用水份，在室外风吹日晒的条件下更要注意，除调色用水适当之外，可以在作画的过程中，及时用小喷雾器湿润过于干燥的画面，应尽力练习使用较大的画笔，着色力求果断、准确。

平时可以多画一些小风景的速写,画时不必拘泥于形的精确而重点解决色彩的大效果。

（二）水粉风景写生实例

下面介绍一幅《朱家角》水粉风景（见彩图5）。其写生步骤如下：

彩图5-A，以单色起稿（初学者应以铅笔起稿），仔细地将房屋的高低变化、云彩的形状走向，拱桥的特征以及景物在水中的倒影等勾划出准确的轮廓。要注意画面构图，起伏节奏，远近虚实和透视关系等，并且简练地分出大的明暗调子。对于初学者来说，这一步千万要认真对待，如若草率从事，那么画下去就乱透了，以致无法收笔。

彩图5-B，用较薄的颜色铺出画面上大的色彩冷暖关系，并明确房屋、拱桥、云彩、河水等基本色相的区别。

彩图5-C，从整体着眼将画面各部分颜色基本铺满，注意画面大的明暗关系和色彩关系，以及色块之间的变化和相互联系。

彩图5-D，深入刻划，塑造出具体的形，边画边调整，能注意艺术地表现对象。

第六章 建筑画表现技法

第一节 建筑画表现的概念

一、建筑画表现是指以面或体的形象表现建筑设计意图和效果。是建筑设计中一个非常重要的创作手段。

建筑透视表现图，一般称为建筑表现画或建筑效果图。它是建筑设计图纸形象化的表现形式，介于一般绘画和工程技术图纸之间的一种绘画形式。也就是通过运用透视阴影原理，明暗色彩等手段，形象地表现建筑设计的意图，并在建造前就能使人们看到建筑造型的真实形象。它在表现环境气氛和建筑材料的质感等方面，是模型所达不到的。

二、建筑画表现的特征

这里所说的建筑画表现特征是相对一般造型艺术的表现而言的，也就是进行比较，指出它们各自不同的特性。

（一）科学性

大家知道，一般造型艺术是具有一定的科学性的，象透视学、明暗学、色彩学、解剖学都是造型艺术创作中所涉及的理论。但是就造型艺术创作而言，既要以这些理论为依据，又要不受这些理论的限制，而是有效地利用理论作为通向表现主观情感的阶梯。在进行艺术创作的时候，可根据艺术家情感的需要，将对象加以夸张和变形，或者说把主观感受和激情注入美术作品中。而科学的真实性则置于次要地位，也就是人们所常称谓的"艺术的真实"。而建筑表现则是对设计方案的客观描绘，要求尽可能的表现出设计者的意图，如果只按艺术创作强调艺术家的情感，不忠实于设计的表现图，便要失去存在的价值。这就要求透视准确，尽可能地反映出材料质感，而不允许主观随意变形失真。所以它更重视表现的科学性。

（二）超前性

建筑表现不同于一般的写生和雕塑，可以照着对象去画。它表现的是现实中本来不存在的东西，是设计者创造的理想的实用形态——建筑物，它不可能事后才去表现它，如果那样就失去建筑表现的意义了。所以它与一般的造型方法相对而言，具有超前的性质。这就要求我们在学习上更应重视和加强对造型规律的认识，而不能只停留在摹写阶段。

三、建筑画表现的内容和形式

所谓建筑画，不只是表现单独的建筑本身或它的外部造型，从宏观上说，它包括建筑环境小区的表现，甚至城市的鸟瞰图；从微观上说，它还包括建筑局部,甚至细部的表现，从空间内外关系来说，它不仅表现建筑外部造型，还包括表现建筑内部空间。

（一）建筑画类型

建筑画类型，按色感分为单色表现类和彩色表现类两种，如果按表现速度区分，还可以分出一个快速表现类。总共分为三大类。

第一类、单色表现类

所谓单色表现，就是以黑白或单一色的表现图。这两种表现图，又可在手法上或以明暗、或以线描表现两种。以明暗表现是采取单纯的明暗关系来表现建筑的体量，空间，质感等形象。用这种方法快速、简便，而具有真实感，很象黑白照片效果。在艺术追求上分别采用钢笔、炭笔、铅笔、水墨和喷绘等工具画成。以线描表现，就是把建筑的造型结构关系提炼出来，用结构线条来表现。这种方法比前一种手法更具有快速、简便和准确的优点。只是立体感稍差。

第二类、彩色表现类

彩色表现类与上述单色类在表现形式上具有近似之处。也就是说写实和单线涂色。所采用明暗关系近似，除色彩外其它方面对建筑的表现均相同。

色彩表现图无论水粉还是水彩表现均可。

第三类、快速表现类

快速表现类有方案素描，钢笔淡彩、铅笔淡彩、碳笔加彩、彩色铅笔、马克笔和刀刮等。不管哪种形式，都具有快速、准确、真实和概括的效果。

第二节　建筑画表现技法

一、建筑画的画前准备

建筑画在画前应有一些准备。这里所谈的准备，并不是指创作构思和具体应用的绘画工具的准备，而是谈用纸要经过技术性的处理。如裱纸、染纸，是画建筑画时不可忽视的准备工作，特别是对彩色透视画的着色阶段，关系重大。

下面就裱纸和染纸的过程等技术性工作作一些介绍：

（一）裱纸

常见画板上的裱纸，是先把纸的四边折起二公分左右的边让它翘起，在纸的正面上涂上水，平铺于画板上，在翘起的纸边反面上涂胶水或浆糊，在画板上贴紧后，待纸干后再使用。

这个方法比较简便，一般小型画幅使用即可。但若画幅较大，需要大量的水和色在大面积的画面部位进行描绘，或由于用水用色不当，在纸面上反复涂抹后，就会出现画面在极短的时间内起皱成放射形，使原来裱得很平整的画面变得起伏不平，水色沉积在凹进的纸窝中，待水色干后，画面色彩紊乱不堪。

为了避免上述裱纸所出现的问题，在裱纸前，先把纸的正反面全部用水打湿或浸透，甩去多余的水分，即平铺在画板上，用干、湿毛巾吸去画面过多的水分，并尽力挤压出凸起的汽泡，待纸张与画板完全吻合后即用事先准备好的约二公分宽的纸条（旧绘图纸即可），用胶水贴在画纸的四周，待干后才能使用。在干燥过程中，纸的收缩程度均匀，着色时就不会出现起皱的问题了。

（二）染纸

作彩色透视图所用的纸张，以水彩纸为宜，但我国目前能画透视图的水彩纸，仅细纹的白色纸一种，品种单调。而有些色彩透视图，用有色纸作画，具有画面上特有的效果，同时也使画面得到统一的色调。目前国内尚无水彩纸性质的色纸，一般采用渲染的方法可达到同样的效果。凡不是过分粗的水彩纸，都可以用它的正面染色，这样既可以根据色调的需要染成不同的色纸，又可以发挥水彩技法的特长，一般地说，如果不是画夜景，都不宜染得过深，假如染成钢笔单色画使用，则要用稍光洁的水彩纸的反面 或 绘图 纸 进行染色，否则，粗糙的纸面经过染色后，同样在运笔时会影响钢笔线条的流畅性。

染色前，先裱好水彩纸待其干透，然后以透明的水彩颜料，加大量的水在盛水器内调匀，有时也可放入极少量的白色或其他粉质颜料，使色彩在纸上达到平整均匀的效果。但对钢笔画使用不适合，因钢笔在粉底纸上画线，会出现墨水勾画不畅，或遇粉渗化，因而破坏画面。

染色时，可用大排笔或大底纹笔，蘸饱足量调匀的稀释颜色，以较快的速度，先横后竖地在纸上涂刷。此时，由于纸面上水分较多，可不时地上下左右转动画板，使稀释的颜色向四周呈放放射状流动，然后再往一个方向直流，再用甩干水的刷子或笔，很小心地吸流向纸边的积水，待画面的颜色完全均匀并开始干燥时，画板可稍呈斜形搁置，颜色未干时不能平放，以免颜色倒流，破坏已经均匀的效果，或出现部分斑纹的水迹，待纸面的水份完全干透方可使用。

（三）过稿

建筑画的过稿犹如中国画的拷贝一样，因为它的准确洁净将对画面成功与否起着很重要的作用。古人云："失之毫厘，差之千里"，如果过稿不规则，准确性则无法保证。

对于造型简单的画面可直接起稿，但往往有些复杂精细的建筑画直接起稿会因反复修改而擦伤和污脏画面。

对于水彩的轮廓的过稿，在裱好的纸上，在染色前后均可进行，因为水彩色稀薄，透明性好，影响不大。水粉渲染则要考虑在染妥的纸上干后进行。

过稿一般采用画好的硫酸纸底图背后用软铅笔涂上铅粉，再把带铅粉纸的背面接触到要渲染的图面，然后用硬铅笔在原来轮廓的线上用力描一遍，使得正式图纸上的刻痕深一些，即使遮盖力很强的水粉颜料，凹痕也能辨认，若怕错误可将底图边用胶带纸粘上。在正式图和底图的边沿上各画二至三条铅笔线条，线在底图和正式图各一半，借以定位，这样不管轮廓，几经画出位置是准确的。画时要求精力集中，一丝不苟。有时会有重复和缺线现象，因此画时要从局部翻起硫酸纸检查，并经常将线条上下对应。要求 做 到 线 型 统一，不走原样。尽量不要在画面上用橡皮擦磨，以免起毛。还有一个办法是用复印和放大，在复印图上直接画渲染图。对于硫酸纸画面和带有透明性的纸面的过稿，可直接把底图放在画面以下直接过稿。

对于不同裱纸的画法，可以采用拷贝箱过稿，没有拷贝箱的，可用玻璃下面用木条架起来，下面放着光源（一般为灯管）草图铺在玻璃上面，把画面纸放在草图上然后用铅笔逐线描出。

二、水粉建筑画表现技法

水粉画有色彩丰富，色调对比强烈，颜料覆盖力强，便于修改等优点。在表现材料的质感和环境气氛方面也有独到之处，因此，国内外现代建筑表现图多采用水粉技法。

以水粉画作透视图时，因建筑物等直线平面形物体比较规正，不能完全追求水粉在绘画技法中的表现效果，配景则可以写实手法与装饰性相结合表现。

水粉画的作画步骤近似油画，用水用色本着先浓后淡，先远后近，先湿后干，先薄后厚的原则，渐次深入。又须视画面光源的布置和物体的色相灵活运用。

水彩画和水粉画的某些表现技法虽然较接近，但两者的材料，性能差距却颇为悬殊、用水、调色、粉质、胶质等运用方面，也都有比较明显的差异，以下就水粉画作画过程中易犯的弊病及克服办法予以概述。前面讲过用水粉颜料作画，要切忌"粉气"，为此，要审慎地使用白粉。在表现物体纯度较高，明度较强的部分时，可尽量不用或少用白粉，把色彩画得稍薄，使其有透明虚实感。色彩要调浅变淡、除白色外，尚可用淡黄、土黄、淡绿、钴兰等浅色和深暗色相调，也是克服"粉气"的表现方法。

水粉画用色调色不当，还容易变灰，或污浊起焦，使画面整幅或局部令人生厌。

水粉颜料冷暖差距较远的色彩，如深红与普蓝、米红与翠绿，赭石与群青，赭石与翠绿、赭石与湖蓝、钴蓝等任意色调，势必造成灰暗污浊的色相；或用两种以上的多种颜料；尤其也是冷暖差距较远的色彩盲目调合，则因冷暖不合，深浅不当，也会起焦发黑。要克服这些弊端、在调色前应注意暖色，中间色、冷色系的色彩关系，邻接色，或冷暖差距不远的色相调合，或冷暖差距较远的色相调合时稍加粉和浅色，均可减少变污浊和起焦。

用水粉颜料画精细的线条，一般使用鸭嘴笔。但鸭嘴笔每次能填入的颜料数量有限，且易干，速度较慢。为提高效率，可以用毛笔画细线，毛笔以叶筋笔或衣纹笔。另外准备一把断面为"凸"字形的尺子。画线时左手按住尺子，右手握住两只笔，一支为上述的小衣纹或小叶筋笔，沾水粉颜料，笔头向下；另一支笔头向上笔杆向下。右手作拿筷子的姿势，小衣纹笔笔尖抵在纸上，另一支笔笔杆端部抵在界尺槽上，右手沿界尺移动，即可画出细而匀的线来。

（一）水粉建筑画中的小色稿

为了把握整体效果，在正式水粉表现图着色之前，应画几张水粉色稿小样。可以集中精力统盘计划安排画面的大关系，以奠定深入的基础，避免画面上出现反复的修改。

色稿小样归纳起来解决三个方面的问题，一是色调的选择。综合考虑画面各色具有统一调子的倾向，用其决定画的感情倾向，根据设计意境的要求，反复推敲色调是十分重要的。二是空间形体的构造。根据基本画理的造型规律对画面的主要空间层次和形体结构，作素描和色彩上的推敲。正确安排好黑白灰三者的面积关系，使画面清晰而富有层次的保证，而对于处理好画面的光感和体积感，宾主关系，空间深度等方面都是重要的。三是画面形式美的处理。运用形式美规律来处理形和色的构图，才能产生完整的画面效果，可脱开具象的形体，抽象地推敲色块的形状，比例和布置以及画面点、线、面诸因素的安排。用视觉平衡原理来考虑画面色块的明暗、色彩、面积和布局形式美的一个重要方面。

小稿虽不重细节，但大块面的比例及画面构图要附合原图式样，如与原图相差太大，就会失去参考价值。小稿画幅一般为三十二开纸为宜。

小稿完成以后，就可以正图上色，可用小稿为依据，将重点转移到技法和深入表现上来。使画面既有大的效果，又有深入的技法表现，达到"尽精微，至远大"的效果。

（二）作画程序

（1）窗户的画法

建筑物的窗户玻璃光洁、透明，它在建筑上明度最低，效果最虚，质感最亮，是画面上最有对比效应的部分。犹如建筑物的眼睛一样，可以表情传神，玻璃画好了，建筑物就有了精神。

现代水粉渲染技法一般将窗子画得较暗，而且把室内的照明、人物、家具画出来，玻璃的透明感表现的很充分。往往将色彩明度处理成上浅下深，以强调玻璃的透明感。再者建筑物下部于画面中心部位，对比应当强一些。

无色透明玻璃，色强要服从整个画面的色调，若画面为冷调子，则玻璃也画成冷调子，若画面为暖调子，则玻璃也画成暖调子。

如果是玻璃幕墙或窗户大墙太小，可以不考虑墙的存在，先把整个墙面当成玻璃墙着色，这样可以一气呵成，作出连续变化，整体感强的建筑物。

着色用较大一些的毛笔，如"大白云"，饱含水粉，按水彩湿画法的办法薄涂一层，作出色彩大的变化，色彩干后留出亮的部分用同一颜色叠加在上面，经过几次反复，直到满意为止。反光部分可以采用上面所说的留出来的办法，也可用湿润的毛笔将亮的部分洗出来，再加上一点水粉颜料，二者的效果有些不同，前者对比强一些，后者对比弱一些。

为了把室内进深表现出来，玻璃应画得暗一些，但要有变化，且有笔触，明度色块对比强烈。暖色调的暗色可以用熟褐、赭石、普兰调配而成，也可以加进一些煤黑降低其明度；冷色调中的暗色可以用普兰、深兰、熟褐调配，也可以加进一些煤黑。过去水彩渲染中忌用煤黑，其实煤黑不仅可以降低色彩的明度，还可以产生一些微妙的色彩，使画面色彩更加丰富。

玻璃画完以后用水粉颜料画出室内的照明，家具、人物和植栽等。室内照明灯具如日光灯，可用鸭嘴笔画出或者用毛笔界尺画出。需要注意的是透过玻璃看到的景物、颜色、不宜太突出、太跳，与室外配景的色彩相比，其明度、纯度都应有所区别。

室内配景的色彩要服从整个画面主调，应含有主色调的成份，以便使整个画面协调。如日光灯下不能用纯白色画，要根据画面色调用明度较高的冷灰或暖灰去画。

画室内的配景的时候要注意透视关系，同时要注意利用色彩的变化表现室内空间的远近。

有颜色的透明玻璃，画法与无色透明玻璃的画法基本一样，只是色调倾向更明确。如茶色玻璃则带有赭石、熟褐、普兰、煤黑等，画成暗调子，室内景物也应该都笼罩在黄褐色的调子中。

镜面玻璃是一种新型建筑材料，作为幕墙是一种新的建筑词汇。镜面玻璃的反射能力很强。主要画出周围在镜面玻璃上的映象。不画室内。

由于镜面玻璃幕墙映象反映的是对面景物，而且阳光对对面景物的照射角度与建筑物所在方面不同，因此映象的色彩要和背景区别开来。

窗框着色

窗框又分铝合金、钢窗和木窗。铝合金窗框有银白色，浅褐色、深褐色等。钢窗和木窗则依油漆颜色而定，但要考虑到不同光线下色彩的改变，阳光下变暖而明度高，阴影处变冷而明度低。

窗框的着色采取先远后近的办法，先画立面的线条，然后一层层地向外面画过来。有窗下墙和窗间墙的建筑物，先不考虑它们的存在，窗框可以通长画出，多余部分在画墙面的时候自然会被盖掉。窗框要作颜色的变化，不然就呆板，窗框的色彩变化要与玻璃的变化统一起来，以加强整体感。

（2）外墙着色

外墙着色要注意大的色调关系，应与画面色调协调。在墙面颜色里加入适量的背景颜色是取得协调的简便方法。

墙面一般面积较大，宜多用复色，少用纯度高的原色和间色。

外墙作画程序通常先从亮面开始，然后进行灰面和暗面的着色，最后添加高光和阴影着色。阴影部分一般是先画阴面，后画落影，通常阴面处理的比落影亮一些。

墙面的色彩要根据空间关系作出变化，一般规律是近处墙面暖一些，明度亮一些（对浅色墙而言，深色墙情况相反），纯度高一些，对比较强，尤其处于重点部位的墙面更加如此。而远处墙面则冷、暗一些（对浅色墙而言，深色墙相反），纯度低一些，对比较弱。色彩变化不必做退晕，只需作出大块色块变化即可，每个色块只需平涂。色块边缘要错落有致，色块搭接部分切忌整齐，否则显得呆板。

下面分别介绍一下墙面的特点和表现方法。

砖墙：砖墙表面粗糙，而无光泽，表面有规则的砖块划分，从而产生肌理效果。小尺度的清水砖墙可以用直线笔来画，即先铺底色，然后用直线笔在底色上画浅色线以表示砖缝。较大尺度的砖墙则应先铺底色，用直线笔在底色上划分出砖块，适当地用深色填出一些砖块，并画出砖的影子。

面砖：面砖分釉面面砖和素面面砖，前者表面光洁，反光较强，能极微弱地反映邻接建筑物的映象，使墙面色彩明度发生变化。素面面砖无光泽，反光能力很弱。若根据材料样本进行墙面着色，应将色彩纯度比样本有所降低，而将色彩的明度提高一些。因为小面的色块和大面积的色块给人感觉不同，小面积是合适的，一旦拼成大面积色块则纯度象是提高了，明度象是降低了。

面砖一般有拼缝，用白色加入少量面砖颜色即可用来画砖缝，可以用鸭嘴笔来画。而砖底色上面加上砖缝的颜色会使色彩的明度有所提高，着底色时要考虑到这个因素。具体方法同清水砖墙相似。

石材：石材多种多样，常用的建筑石材有花岗岩、大理石、人造石等。石材的产地不同，颜色和纹理常常会有变化，加工手段的不同，也会给材料质感带来差别。磨光的花岗石，大理石，光洁平滑，可以隐约反射出对面的景物，高光较强。石材作剁斧石处理，则表面粗糙，失去反光能力，面的转折过渡清晰，中间色调较低。毛石表面凸凹不平，体积感强，只在部分墙面画出一些石块即可。大比尺的石材墙面常常需要画出石块的体积、石缝、甚至石缝中的落影。大理石的纹理可以用颜色铅笔画出来。

乱石墙面的画法。

画乱石墙面的结构非常重要，必须注意它的构图关系，要注意它的大小相同，分块尽量不要对称。涂色时可先涂底色，颜色不要涂匀，然后用明度不同的冷暖倾向的小色块填色，待颜色干后用深色线勾线，画出色块的影子和高光。

混凝土制品，可以用中性偏暖的色彩着色，也可以用中性偏冷的颜色着色。不作饰面的混凝土制品，表面粗糙，模板拆去后留有板缝的痕迹。为了表现这种质感可以在水粉底色上用铅笔或颜色铅笔轻轻地加一些直线。

喷涂墙面。喷涂墙面一般颜色较浅，表面比大理石粗糙。着完底色后可用毛笔、铅笔或颜色铅笔等随机地点一些色点来表现其质感。

（3）铝合金材料　铝材光挺、坚硬、加工准确、转折部位要鸭嘴笔画成，并注意协调其高光。

不锈钢：不锈钢的反光和高光都比铝材更强，色彩可以画成中性偏暖的倾向，也可以画成中性偏冷的倾向（见彩图6）。

（三）水粉建筑画实例

下面以彩图7为例（见彩图7），阐述一下水粉建筑画的作画过程。

（1）先将画天空的颜色调足，一般至少调浅色和深色两种，然后用羊毛板刷饱蘸浅色从地平线开始横涂，一面涂一面适当调入一些微妙变化的其它颜色，以丰富色彩的冷暖变化，趁湿再将稍深的兰色衔接，直至更深的兰色连接至画幅的顶部。

（2）将地面暖灰色铺满，趁湿可以用较深的色彩画出远近变化。

（3）画伸进去的玻璃和阴影，注意其体积，并把握住局部形体和整体的关系。

（4）画建筑物墙面，用调好的墙面色彩涂满。趁湿画一些色彩变化，干后在墙面画一些笔触，以强调体积、光线和质感。

（5）画不锈钢柱子和比较规则的建筑物的细部，注意画出金属质感。

（6）画道路，画出远近关系，注意透视关系。

（7）画配景，树木，可用夸张概括的手法，使整个建筑画色彩协调。

（8）画汽车、人物。注意车型位置、颜色。车窗、车轮周围表现力求省略，以求一种动感。

水粉建筑画的表现方法，还可见彩图8，它们都充分地发挥了色彩丰富和颜料覆盖力强的特色。

三、水彩建筑画表现技法

（一）水彩建筑画表现

用水彩画法作表现图，可采用水彩画写生的方法局部着手，并可以按照从远到近，由浅入深的步骤上色。任何先画的物体，要谨慎地为后面的物体留出明确的轮廓。如画天空、玻璃、墙面、地面时，都要顺着邻接物体的轮廓外沿画色彩，尽量不破坏后面物体的轮廓。

用水彩表现建筑材料质感，可以取得很好的效果。画乱石墙是先铺底色，然后用不同深浅的颜色逐块地填上每一块石块，并留出高光，最后，用较深的颜色勾画石块的影子。画清水砖墙，应当充分利用原有的铅笔线，只要在原有的铅笔线上适当加深某些砖块，即可取得良好效果。陶瓦屋面，一般可以用直线笔来画。

为了追求水彩画技法奔放淋漓的水色韵味，往往和透视图工整细腻的规范化效果相矛盾，所以既要熟谙水彩画的各种表现技法，灵活自如地予以发挥，又要尽可能细致地符合透视图的要求。为此所作的透视图的内容和形式，也应有所选择，并能适合从浅到深、渐增的条件，而不能作色彩的渐减要求。

以水彩画透视图，虽然受建筑物等很多直线物体表现方法的限制，但环境中的部分配景可尽情运用水彩画技法去润饰，以兼工带写，收放自如的笔法，探求应有的水色魅力。

（二）水彩建筑画实例

建筑画水彩表现技法，以电子大厦（彩图9）为例，其方法步骤如下：

（1）在水彩纸上考贝电子大厦的精细轮廓，饱蘸淡黄色涂满画面作底色。涂时将建筑物窗户上的玻璃、汽车和人物衣服的白色空出。

（2）由上而下画玻璃幕墙和墙体，从玻璃的暖色画起，**然后紧接较深较冷的色彩**，再以暗色接体面转折关系，逐步加深。

（3）画地面亮色和屋顶亮色，并趁湿稍加深色渗化，表现远近。

（4）加深暗部或不受光的局部。

（5）用鲜明的色彩点缀行人、汽车、绿化。

（6）最后用鸭嘴笔蘸调好的深灰色，画建筑物的结构线，用浅色画地面的水平线、透视线。

四、喷笔建筑画表现技法

喷笔渲染的作品细腻，变化微妙，有独特的表现力和现代感，用画笔是无法做到的。

建筑图的喷笔渲染一般是用钢笔和喷笔共同完成的。钢笔用来描绘轮廓线，喷笔用来描绘色彩和明暗，作画程序是由暗到亮、由深到浅、由大面积到小面积。

喷笔主要以三部分组成，即盛放颜料的颜料槽，颜料化成雾状的喷嘴和控制并输出压缩空气部分。

喷笔喷嘴的口径大小不一，从0.2mm到0.8mm不等。口径越细，色雾颗粒越小，一般来说，口径在0.3mm以下的喷笔色雾细腻，适于作精细的描绘，而口径在0.4mm以上的喷笔，颗粒粗大、适于大面积喷涂，如海报喷涂等。建筑透视渲染图以选用0.2mm—0.3mm口径的为好。

口径不同的喷笔色槽容积大小也不相同，直接关系到一次喷涂的时间和喷涂面积。

空气压缩机是产生压缩空气机械，气罐是储存压缩空气的容器，它的功能都是把压缩空气输送给喷笔，二者具其一即可。

空气压缩机供气时间长，适于长时间使用，通常使用的有BA型，空气生量20l/min，最高使用压力为$4.5kPa/cm^2$。

压力颜料瓶：压力颜料瓶是国外近年新发明的工具。它把喷笔、压缩空气罐和颜料合为一体，只要按动瓶口按钮，色雾便从喷嘴喷出，使用极为方便，色彩达数十种，作大面积喷涂时更为方便。缺点是色彩无法自由调配，只有依靠色彩的叠加产生更为丰富的色彩（见彩图10）。

喷笔所使用的颜料范围较广，但要注意，不能让颜料把喷笔堵塞，较浓稠的颜料务必稀释以后才能使用。

建筑渲染图常用的颜料为彩色墨水和透明水彩颜料。需要注意彩色墨水的稀释应使用凉开水或蒸馏水，以免某些彩色墨水产生颗粒凝聚，影响喷涂效果。

喷笔所用纸张性能要求易于吸水、吸色，表面平整，国外常用肯特纸或肯特纸板。没有肯特纸可用水彩纸代替，不过最好要象画水彩渲染那样将纸裱起来，以免翘曲。

用喷笔作画时，要把不着色的部分遮盖起来，而只把需要喷涂的地方空出，这类材料叫阻隔材料，常用的阻隔材料有两种：

第一种为表面涂有粘接剂的透明胶片——这种材料是透明的，作画时能够看到整个画面色调，可以切割细小的缝或条，便于喷涂建筑细部，这种透明胶片在已经喷过颜色的纸上也可以使用。

第二种为绘图胶带——粘着力比普通胶带好，揭下来不会弄伤纸面，也不会在纸面上留下粘着剂。

作画所用其它材料还有：

刀具：用于切割阻隔体，刀要尖而利。割纸刀、剜刀皆可。

吸管：往喷枪内填颜料用。

角尺或中国界尺：画直线用，也可用直尺代替。

粘合剂：用以粘合阻隔体、国外常用Paper Cement，揭下时不会伤及纸面。

毛笔：更换颜色时用以清洗喷笔，毛笔也可用来修整画面。此外还要备铅笔、橡皮、擦图片、笔洗和镇尺等。

五、马克笔表现技法

马克笔是近年来国外常用的一种绘图笔，类似塑料彩笔。笔头呈斜方形，可画粗细不同的线，其颜色从深到浅，从纯到灰约有一百多种。使用时可省去调色时间，非常方便。马克笔是水性的，画在纸上容易扩散，而且色彩不鲜明，所以用马克笔画建筑表现图应该选用不太吸水较光洁的纸，象硫酸纸较为合适，但不易表现白色，必须加衬纸。

用马克笔绘画，一般先用木炭笔勾轮廓。（铅笔难以同马克笔混合）然后从浅到深着色。上色时注意把色彩选准，尽量一次完成。马克笔画大面积时要一笔一笔地排，要尽量避免各笔间的重叠，以免出现深色的线，若在深色上画浅线时，要考虑到把底色洗去之可能，特别是在不吸水的纸上，容易出现这种现象，但有时利用这一特性，可产生特殊效果。如在暖色墙面上重叠冷色的阴影，由于这种重叠包含了墙面本身的颜色，所以使阴影很透明生动。同样在表现透过玻璃看到室内的浅色物体、灯柱等物体时也可以有很好的效果。在硫酸纸上，可用刀片在马克笔画过的地面刮出各种亮线条。

马克笔的颜色主要以甲苯和三甲苯制成，挥发性很高，所以作快速表现尤为方便。

快速画法在打稿时可以先画一个小透视图，然后用复印机放大到需要的尺寸，打稿时一定要不出现多余的线条，以免复印线不易擦掉。

在画直线时可用界尺，但不要用有机玻璃尺，因为马克笔颜色水有挥发性原料，与有机玻璃会起化学变化。

能和马克笔颜色混合使用的颜料有水粉、水彩、色粉笔等。

马克笔画法最忌：

（一）用色超过框界线，会显得没有收尾而难看。

（二）不同色反复涂刷，造成色的脏浊。

（三）与铅笔混用易使图面没有明显的界框。

（四）图面因用色种类大多而脏乱。

（五）用马克笔画过小的东西。

马克笔表现技法实例：

马克笔的表现技法（见彩图11），其绘制步骤如下：

（一）先用针管笔画出建筑物的轮廓。

（二）以淡紫灰色和淡黄灰色概括地画出建筑物的墙体，用淡兰色画出玻璃的亮面，用湖兰、深兰色画出玻璃幕墙的暗部及天空。

（三）用暗灰色画地面，并用暗黄色画出地面远近关系，以及远处的建筑。

（四）用深暗色加重暗部。

（五）画出人物和汽车以及树木。

六、丙烯颜料画的表现法

丙烯颜料是20世纪新出现的一种绘画材料，制造丙烯颜料的骨料与油画颜料、水彩颜料的骨料没什么不同，区别仅在于它们各自的载色剂不同，因此在调配颜料时所使用的稀释溶剂也不相同。丙烯可以用水调，也可以用其他多种调合剂进行稀释。

用丙烯颜料进行渲染，常使用油画笔，水粉笔和水彩笔，也可以使用中国毛笔，调色盘最好采用搪瓷或瓷盘，以利清洗，也可用塑料盘。丙烯颜料在水彩纸，绘画纸、卡片纸，硬纸板和画布上都可以作画。

丙烯颜料渲染的基本方法可分为不透明画法和透明画法，既可以象油画那样厚涂，也可以象水彩那样薄画，厚画覆盖力强，薄画透明度大。

丙烯颜料具有突出的牢固性，它适合于多层作画。

丙烯颜料干后不易脱落，色盘用过后和其他工具一样应立即清洗干净。

用丙烯颜料进行渲染，其作画程序与水粉画相似，一般是先画天空和远景，后画建筑物，最后画地面配景。建筑物的着色一般是先画玻璃和透过玻璃看到的室内，然后画窗框以及墙面及墙面上的落影，最后画配景中的树木、人和车，并进行调整。

七、钢笔水彩画表现法

钢笔水彩渲染技法，是一种用线条和色彩共同塑造形体的技法。现代钢笔水彩渲染，常常不将画面画满，而对画面进行剪裁，色彩也比传统钢笔淡彩浓重多了，从而加强了艺术的表现力。通常线条只用来勾画轮廓，很少表现明暗关系，用水彩颜料也只是分大的色块、进行平涂或适当画出明度变化。

画钢笔水彩画，画前也应裱在画板上。和钢笔水彩结合的工具有马克笔、彩色铅笔、塑料笔等，都可灵活结合使用。

还有用钢笔彩色速写的画法，这是一种快速的表现形式，这种形式主要强调运用线的特性来描绘对象，然后适当地上些色彩。

钢笔色彩速写使用工具较为简便，只需要矮尖钢笔一支，用于画出粗细不同的线，再用各种不同的彩色塑料笔，或叫记号笔上色。这种形式画时快速，又有装饰意味。

钢笔色彩速写要求作者根据表现对象的需要，合理地使用线，讲究线的粗、细、刚、柔等。色彩要求简洁明快。整个画面要求装饰性强，设计味道十足。

钢笔水彩画实例：

钢笔水彩建筑画的表现技法，以满都拉商场中厅为例（见彩图12），其制作方法和步骤如下：

（一）先在裱好的水彩纸上拷贝中厅建筑轮廓，用大笔饱蘸兰色画天空，用稍暖淡色画地面。

（二）然后用水彩干画法，刻划中央园林、假山。

（三）用随意之笔将中厅两侧的货架、标语之类的商品气氛画出。

（四）画人物和小面积的响亮色彩。

（五）最后用棕色塑料笔画出形体的结构线。

八、照片叠加表现法

照片叠加，是指将建筑物渲染图和环境照片叠加在一起的形式。在所有渲染技法中，这种形式给人的真实感最强，犹如建筑物已经建成了似的。它不仅可以使甲方很好的表达设计意图，也可以使设计者预先较准确地了解未来建筑物与周围环境的关系，使设计方案顺利地通过。也有设计者把模型照片和环境照片进行叠加，效果也很好。

根据现场需要角度拍摄一张未来建筑的环境照片，将照片放大，以此作为建筑渲染图的环境。

根据环境照片的拍摄角度和透视规律以及环境的比例，在照片上画出建筑物透视图的外形轮廓线，将轮廓线描绘下来补足细部，然后，透写到准备画渲染图的纸上，用现代水彩渲染的技法进行着色。渲染画完成以后，将渲染图叠放到照片需要的部位，贴紧、固定、沿建筑轮廓线将照片和渲染图一起切割，取下照片的切割部分，换上建筑渲染图，一起贴在衬纸上。为了增加一些整体感，再添加一些配景，有的配景可以一部分在染渲图上，一部分在照片上，最后拍摄成一张彩色照片放大，便可成为一张未来建筑环境的照片，天衣无缝，真实感很强。

还有一种方法是在照片上画出建筑物透视图的外轮廓线之后，利用喷涂渲染的办法塑造一张阻隔体，将需要描绘建筑物的部分露出，利用白色颜料喷涂。以白色涂层为底层，直接在上面用铅笔画出建筑物的细部线条，用水粉渲染技法着色，最后添加一些配景，也可以得到与第一种类似的效果。

着色过程中应使建筑物的颜色与彩色照片的色调取得协调，以增加渲染图的真实感。

九、颜色铅笔画的技法

颜色铅笔渲染，用具简单，易于掌握。与铅笔渲染相比，增加了色彩，加强了表现力。

国产颜色铅笔目前见到的有24种色彩，利用色彩重叠，可产生出更多的色彩。

颜色铅笔渲染用纸比较灵活，可用绘图纸，也可用描图纸。绘图纸不透明，需要把底图轮廓描上去；描图纸半透明，可以覆盖在底图上描绘轮廓。因其质软色不明显，最好用色纸表现。

色块一般用密排的色铅笔画出，如果用的是描图纸，也可以在纸的背面衬以窗纱，砂纸等表面粗糙的材料，有利于铅笔在纸面平涂。用这种方法涂出的色块是有规律地排列的色点组成，不仅速度快，而且有一种特殊的类似印刷纲纹的效果。

有色铅笔可控制轻重，打出淡雅的层次笔触，用两次以上打法，十分特别，尤其重色或对比色，别具浓郁的现代感（见彩图13）。

第三节　建筑画其它表现方式

一、建筑方案素描

近年来，在建筑设计，城市景观和环境规划设计中，方案素描的形式也经常运用。特别是在时间紧迫之时，需要用形象语言与甲方研讨切磋，方案素描更显成效了。建筑方案素描与建筑写生相比有着自身的特点，主要是，它一般不对着现实景物写生或以实样为楷模去照着画，它是以素描的方法体现建筑设计的构想、意图。在作方案素描时不可有主观的随意性，不能离开设计的意图，仅用写生的观点或写意的方法来表现对象，但方案素描作为一种表现手法，也同写生素描一样，有艺术的表现力，应当比现实的形象更集中、更典型、更概括、更具有形式美感。事筑方案素描是浓缩了写生素描的绘画语言，把技巧应用在建筑中最形象的语言。

（一）方案草图

建筑设计，是先从草图设计开始，随着创作的深入而逐渐深入下去。在设计方案构思阶段，要从形象中提炼出设计者对环境的感受，表现主要的设计意图，突出建筑与环境的相互关系、主要视点的建筑特征等。

设计初期的表现草图，主要体现设计者主观理解和感受与客观物理性间的相互转化，而到了方案确定阶段，表现草图的内容无论在深度还是广度上都已大大发展，它的益处也愈加明显。首先可以加强构思的宏观性和严谨性，即提高设计方案的雄辩性。分析性质的表现图往往标志着设计者思想和逻辑的明晰，它不仅利于方案的归纳、推敲以至形成，而且便于观点的理解和对构想要点的掌握。其次在绘制正式表现图前，表现草图可以尽快的提供简明扼要的建筑形象，供建筑师们推敲思考。

草图绝不等于潦草画图，而要求设计者对所设计的对象——建筑环境进行高度概括，省略掉那些对表达主要构思意图无关紧要的东西。这是建筑师的基本功之一。

建筑方案草图和速写表现有近似的地方，但速写一般是指对实物写生，而方案草图是计者的构思记录。用铅笔画建筑草图最突出的特点是：以最简便、迅速的方法，表达出设计人员对于设计方案的设想意图。尽管这些设想还只是处于不成熟的状态，但它却孕育着成熟的、丰富的内容，可以作为进一步设计的基础。作为方案构想阶段的建筑草图，不可能也不应该拘泥于细节；不宜过于明确、肯定，以免束缚设计思想。为此，这种草图最好用较粗较软的铅笔（3 B或4 B）来绘制，由于这种铅笔画出线条比较粗，从而迫使画者着眼于大局而置细节于不顾。另外，为了修改和不断地完善方案，草图宜画得小一些。多画几幅作为比较选择，还可画在半透明的硫酸纸上，以便反复地拷贝所有的草图，并作进一步修改。

随着方案的修改深入，草图也得渐渐地明确，肯定，而成为正式建筑设计方案。

（二）素描草图的表现：

用素描的方式表现建筑方案，虽然不能象水彩或水粉表现那样感人，但它具有纯朴的黑、白、灰的块面和线条的疏密关系，反映了建筑与其环境本质的形体结构，形成了自身的特色，有利于促使设计者只依靠黑、白、灰的疏密节奏表达形象，使艺术表现手法异常的深入，更加精细。由于画面是依靠不同的线条组合构成的形体，便来不得半点疏忽，特别是败笔的线条容易暴露，会破坏画面完整统一的艺术效果。

在方案素描中，使用炭铅笔也可以取得很好的艺术效果。它的性能除了铅芯的成份不同外，炭铅笔和绘图铅笔的构造是相同的，在表现技法上有些大同小异。炭铅笔的铅芯比较粗糙、松脆，不易象铅笔那样削得很细，因而不大适合在太粗糙的纸面上作画。但是炭铅笔的色调较深，可以充分地表现出更多的色调层次，它不仅可以在白纸上作画，而且也可以在有色的纸上作画。

炭铅笔的铅芯比较粗糙，画出来的笔触没有铅笔那样细腻，可以借助纸卷擦笔，还可以根据画面适当部位的需要，（即需要画出质感的细腻部位）擦出效果，方法与运笔的方法相同。如果使用有色纸作画，建筑物和配景的亮面或高光部位，可以用白粉色来处理，而纸的本色可作为灰色调。这种画法不仅省事，画起来较容易，而且还有一种特殊的效果。但应注意，使用有色纸作画，画纸颜色不易太深，色彩不易鲜艳，最好使用中间色调的纸,效果较好,例如,黄灰、兰灰、浅赭、浅褐等,是适宜的。炭铅笔和铅笔作建筑方案表现图都是不便于保存的,如果想长期保存方案,可将松香、酒精溶液喷在画面上。

用素描表现的建筑方案,也可作为推敲过程的方案或征求意见的方案,不必画得那么深刻、细微,可采取短期素描或速写的效果。使用各种不同的墨水笔,如毡尖笔、纤维尖笔或炭铅笔等。用简练、明确的线条,生动而准确地去表现设计意图。

除了方案素描的特点外,方案素描与写生素描,其基本技法是相同的。它们不同之处是方案素描依据草图所表现的是初步构想,还需进一步深入成为较大的、完整的设计图。

方案草图用渲染加线条的方法,也可以用单色表现。例如,为了方便起见,我们可以用普通兰黑墨水加水冲淡后进行渲染,然后再用钢笔加墨线,这种表现方法,虽然色彩不能表现得很充分,但却能通过渲染把素描表现得很具体。

二、轴测效果图画法

用轴测图作为效果图表达设计意图,其作图方法简便,效果明快,近几年在国外非常流行。

轴测图上的远近部分没有透视变化,所以免去了求作透视的烦劳过程,虽然有时有变形的错觉,但用作建筑效果图表现时,却有其独具的优点。

轴测图的平面关系不变,图上能清晰的反映出平面布局,较全面地表现建筑各部分的形体及其实际高度和长度,并借助它考察建筑的整体造型和内部空间。在表现室内空间时,可反映其结构和构造关系。有时为了有效地表现这种关系,或意欲表现被遮挡部分时,可进行重点剖切或掀开屋顶,则多层次的室内空间跃然纸上。因为它有鸟瞰图的特点,所以还可用作规划及总图的制作。

轴测图的种类很多,下面介绍几种常用的形式:

(一)水平面轴测图

水平面轴测图是用倾斜于被投影面(水平面)的平行光线,向被投影面进行投影而得的轴测图。其显著特点是原先平行于水平面上相互垂直的线,在投影后仍保持垂直关系,能反映与水平面平行的平面图形的实形,其伸缩率为1(图6-1)。

水平面轴测图的求作步骤:

按所需比例,将平面图旋转30°,或45°,或60°,简要的绘于平面上。

对照建筑立面,在旋转后的平面上竖起高度。

必要时可绘出阴影或局部淡彩,并配景点缀。

(二)正面斜轴测图

正面斜轴测图能保持建筑的主立面并反映其实形。侧立面垂直于画面方向的长度缩短二分之一,顶点面则变形(图6-2)。

正面斜轴测图的求作步骤:

选择建筑的主立面,按所需比例绘制。

以45°斜线,将其侧立面垂直于主立面的各段长度,缩短一半绘于图面上。

(三)在众多的轴测图种类中,一种最简单的形式,在国外甚为流行。它的求作步骤是在绘出平面图后,直接在垂直方向往上或向下引垂直线,画出建筑的主立面,就可获得一个轴测图(图6-3)。这种轴测图往往用于表现屋顶较为复杂,或表现建筑内 部 空间时所作。

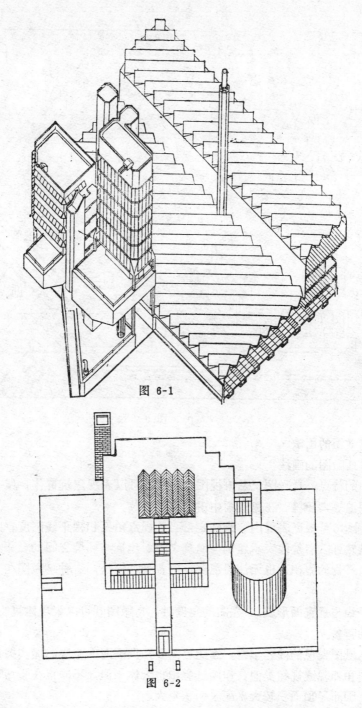

图 6-1

图 6-2

　　轴测图线条精细，刻画细致，既舍弃虚夸之举，又力忌杂乱纷繁，其画面舒展，容易充裕，为一般透视图所不及。

　　轴测图一般仅用单线勾勒，线型运用要适当，外沿线宜粗，内部划分线较细，线与线的交接应准确，不能毛糙出叉。因清晰明畅的线条本身已略具装饰性，不宜配景或尽量少作，以免宾主难分。

　　轴测图上黑、白、灰三色的功能，与前述钢笔画法类同，可照样运用。

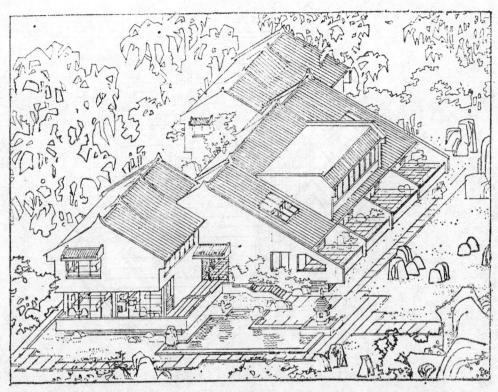

图 6-3

三、鸟瞰图的画法

（一）鸟瞰图的画法

鸟瞰图的特点：鸟瞰图就是俯视图。鸟瞰图可以表现建筑群体，城市广场，室内全景，乡村湖泊等大环境。在建筑画中占有重要地位。

画鸟瞰图，可根据表现内容来确定恰当的视点角度和视平线高度。由上方垂直俯视的鸟瞰图，虽然可以清楚地表示建筑与建筑之间、建筑与环境之间的毗邻关系，然而它不能充分表现建筑物的体积，也无法展现深远的背景。但是，这种鸟瞰图在规划设计中却常用。

当视平线与垂直面形成10°左右的角度时，鸟瞰图既可以表现建筑物的体积，也可以反映远处的背景。

由于鸟瞰图表现的内容丰富，因此更需要强调画面的主次、虚实关系。

鸟瞰图和外观透视相类似，作画过程中也大体相似，不同点在于鸟瞰图视点较高，高于建筑物，因而屋顶面积较大，配景面积也大。

鸟瞰图过去一般是依照透视规律求出来的，在建筑物不太高的情况下用二点透视，较高的建筑物采用三点透视。求这种透视较麻烦，尤其在求建筑物群体透视的时候，由于前后遮挡，往往多次试求才能找到满意的角度。

（二）鸟瞰图的作画程序：

鸟瞰图一般也是绘制在颜色纸上。

鸟瞰图的绘制一般是先画玻璃，再画墙面和墙面落影，为了表现空间关系，近处的墙面和远处的墙面色彩要在色相、明度和纯度方面有所差别。然后画屋顶，为了突出建筑物，可将屋顶的明度提高，但应依据空间远近作出色彩变化。在地面、道路处，要根据画面色调配色，常用不同侵向的褐色突出。为了增加趣味，地面上可画出一些建筑物的倒影，地面道路上的笔触最好和透视方向一致。最后根据画面把草地树林等配景画出（见彩图14）。

四、计算机绘建筑画

随着科技的发展，计算机表现建筑画正发挥着越来越大的作用，计算机表现建筑画更清晰更图案化。但是它在艺术性方面尚存在一些欠缺。就目前的CAD技术来说，主要能生成线框透视（消隐线或不消隐线的）；灭点可以是二点的或三点的；还可产生彩色透视画面。就技术来说，分平面的和立体的，画面的颜色多少随硬件的水平而有所不同。目前，TEK终端上最多可拥有16，776，216种颜色，在较低级的终端上也可有4096种颜色。除了拥有赋色功能外，在新版本的软件中，还有三维模型的阴影效果，使画面更加逼真。此外，使用者还可选择光源的数量和位置。一般在室外环境下，可选择一个光源作为太阳光，生成阴影的效果，在做室内透视模型时，可选择1～16个光源作为室内光源，使用者可根据设计要求放在所需位置上，并控制其亮度。计算机可以模拟夜景和室内环境，这是一般人工建筑画较难准确表现的。除了在光源上计算机软件不断发展外，近来在表现材料质感上也有所突破，并进入实用阶段。根据物体材质的紧密程度和对光的吸收和反射百分率，来表现不同的质感。从光滑的高反光金属到较粗糙的低反光花岗石，计算机都可以有所表现。

另外，在实际应用计算机绘画时，还可作为其它设计目标——从城市规划到单体细部设计等。如在城市规划中，可将数据输入计算机，生成城市某区域的景色，为城市规划的评估和设计提供可靠而又准确的形象。

可以用计算机绘制建筑透视来作街景分析，帮助建筑师认识环境，并体察环境中新建筑与周围环境的关系。也可以使用计算机来单独做个体建筑透视，以研究单体的体量、细部和色彩。

除了单纯用计算机绘制建筑画之外，还可以结合其它表现手法绘制不同的效景图。（图6-4）。

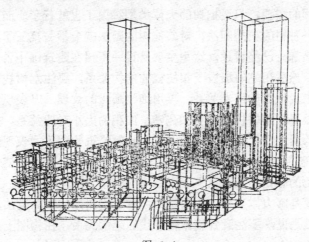

图 6-4

第七章 建 筑 配 景

第一节 配景的内容和作用

建筑画配景，就是指陪衬建筑物效果的环境部分，主要包括树木、花草、地面、水面、天空、人，车和其他环境设施等。

配景可以显示建筑物的尺度，我们要想判断图面上建筑物的大小，需要有参照物，人是最好的参照物。我国男子身高通常在1.7m～1.8m之间，通过与人身高的比较就会感觉到建筑物的实际大小，甚至显示其宏伟的气派。

配景可以用来调整画面平衡。当画面造型不够平衡时，可以增添一些配景，使画面重新得到平衡，同时还体现出特定的环境气氛，从而加强建筑物的真实感。烘托出建筑物的性格和时代特点。

当人们很自然地把视点从配景转移到主体建筑物时，配景起到了引导视线的作用。

利用配景还有助于表现出空间距离，增加了画面的纵深感。

当然，建筑表现图不同于绘画创作，它的主要任务不是表现风景，人物或故事情节，而是表现建筑本身。所以配景毕竟是陪衬，不能喧宾夺主。因此要把配景作适当的概括，不要太突出，应把主要精力放在建筑物的渲染上。

第二节 配 景 画 法

一、树的画法

树是建筑画配景的重要内容，可以说不会画树就不会画建筑画。所以在学习建筑画时，首先应该掌握画树的方法。树的种类是很多的，不可能也没有必要把每种树的画法都记下来，根据表现画的需要，只要把树的大体类型掌握了也就行了。而且，在掌握和认识树的规律时，通过一种树的典型画法，对其他树的画法就会举一反三了。关于树的结构和树的明暗关系在素描部分已经讲过，这里主要是讲一下树在建筑画中常用的画法。

首先要画树干，然后用笔画出枝干和枝杈的结构关系，要注意树枝的疏密关系，近处的树下端色暖，以表现地面的反光关系。再用细笔画树的纹理，以表现树干的质感效果。其次，画树冠的时候要根据树枝的结构和疏密，面积的大小对比关系，先画背光的深色，再画中间色，各色的明度变化不宜太强，以免影响对建筑物主体的表现。画树冠时不要留太多的空白，要注意外形叶子的变化关系，因为变化太多，就不能使外形单纯而完整，达不到保持与建筑物的和谐与统一。

画远处的树主要是画大体形态。中国画论中有"远树无枝"的说法，这是从空间和整体环境来说的。也就是说，要注意到整体轮廓线的起伏关系，在构图上要有利于烘托建筑形象和表现建筑层次。

画树墙时，可先画树的固有色，一般呈橄榄绿。画时外形要整齐，但用笔要有变化，局部有进有退，但是不要等距离，要有节奏上的变化。接下来画深一些的绿色，主要目的在于表现树的体积感，一般要画在背光的位置，但面积要小，同样要有间断的变化关系，在树墙上也可适当地画小点子，以表现质感的效果。最后用较稠的黄绿色画高光部分。这样树墙的体积感就表现出来了。至于下面的树根，可根据建筑构图要求处理，可以不画，画时就应表现粗细变化和距离的远近。

二、人物的画法

画人物的时候，最重要的是不要忽视人物的透视关系，否则画面上的人物会产生一种陷于地下或被吊在半空的感觉，对初学者来说，是最容易出现的毛病。

描绘人物要注意人体各部分的比例关系，人物的性别决定着人物的体型：男子肩部较宽，宽于胯部，而女子肩窄，胯部较宽，抓住这一点，性别便区别开了，但不要太细致。

配景中的人物如果有动势就会更加生动，可以将行进中的人物画得稍稍倾斜一点，以增加动感，倾斜的方向为落地的那只脚的所在的方向。

三、汽车的画法

画面上点缀几辆汽车会增加生活气氛和时代气息。

画汽车同样要把握形体透视，比例要画得正确。先画汽车本身的扁长矩形，接下来画顶部的车棚，然后画车轮和阴影以及车灯和玻璃，尽量对形体画得简化些。

四、天空的画法

（一）天空的明暗和色彩

天空的本身明暗是没有变化的，但由于和人的视觉距离远近的原因，就产生了相应的变化。总的规律是离人越近处颜色较纯，明度较低；而离人视觉较远的天空颜色就较近于灰色，明度也偏高。

（二）云的变化规律

画天空必然涉及到画云，而云的变化又随天空变化而千姿百态，不过从画面表现的需要，常用的大体有三种；即条云、朵云和泛云。不管画那种云，都有个透视问题，一般的说云越近也就越大；相反地，云越远就越近，越小和越密，最后连成一片。至于云的色彩在建筑表现图中不必过分强调，只是画出一定的明度关系就可以了，重点还在于突出建筑物的形体。

一幅建筑表现图，天空是否一定要画云，是要看构图的需要，对烘托建筑物有利就画，反之，就不一定画了。

条云：

条云一般适合于表现横幅画面的高耸的局部的建筑物，它有利于在整体上与画面的水平方向取得相互统一的效果，对画面局部或高耸的部分又具有一定的对比关系。画条云越高，越要画出一定的倾斜角度，逐渐远去时斜度逐渐减小，最后到完全平直。

朵云：

朵云就是云彩一朵一朵的外形所呈现的块状。这种云常用于建筑表现图中，由于建筑形象单纯，或画面天空面积过大。为了打破画面造型的单调，使构图饱满和富于变化。朵云在画面的布局不宜过多，以免造成画面的紊乱。而且，在构图上的位置大小和距离要搭配得当。

泛云：

泛云就是建筑表现图中，天空以大面积的云为主，局部也有少量不同类型的云。主要用于烘托建筑造型富于变化的画面，而且多用于与高层建筑的气势相呼应，使之有雄伟壮观之美。泛云常常是经营在画面的下部就能起到这个作用。构图上画泛云绝不能忽视所占面积影响主从关系，云的面积一定要占主导地位，并不是相等或接近建筑物的面积，既不失构图的对比效果，又要以陪衬取胜。

（三）画天空的技法

画天空的方法有干画和湿画两种，如果湿画天空时，可在画底色时，在底色未干时就画云，可用刷子或大笔湿画。用笔要干净利落，不要反复涂改，未画之前要做到心中有数，要在动笔前就想好所画的云，云的位置、大小和聚散关系。因为，湿画法要求画的速度要快，否则底色干后就不成为湿画法了。用笔要迅速并注意方向的变化，切忌单一方向平刷，使画面呆板而无生动感，最好是以一种方向为主，中间穿插一些变化方向的运笔，使画面达到预定的效果。

干画法比较容易掌握，这种方法可分为两种，一种是自由式的，另一种是图案式的。自由色的画法要求用色要单纯，调色要稠，用笔要准确，尽量不要反复涂改，要一气呵成。画云时要适当画些干笔的笔锋，就象书法中的"飞白"效果，这样可增加云朵的飘浮感。图案画法的关键在于天空中云彩的色块处理，只要色块基本上画出云的形态，平涂颜色就行了。一般情况下要求颜色对比不要太强，可适当加些天空的颜色，使之与建筑和谐统一。

五、地面画法

在建筑画中，常用的地面有柏油马路，水泥路面和草地三种。

（一）柏油马路的画法。

马路一般是近处深，远处由于反光原因比较亮，马路一般都有倒影，好象雨后的样子。路面还有白色的交通标志线。

具体的画法是根据画面总的色调，先画出近处深色的路面。画时要有变化，不要涂满，然后湿接较浅的颜色，再调浅色画远处的路面和两侧的路面。接下来画建筑投在路面上的倒影，用色要单纯，画主要关系，色形变换要少，明度不宜过分悬殊。最后用仪器打出白线，马路就画成了。

（二）水泥路面的画法

水泥路面（包括铺道板路面），在大型公共建筑的广场中是经常出现的。这种路面与画马路的方法一样，只是固有色较浅，画方格不要太小，打线时要有连有断，有长有短，不要打满格。可以先打深线，然后再打浅线，使之生动而富有精细感。画地面时水份可以适当大些。打线时要注意调色的稠度适中，否则太稠时不下色，太稀又流淌，最好在打线之前先在别的涂过色的纸上试试。

地面可用笔触法方向性涂画，不作明确地交待，也可画出地坪材料的层次或块状变化，但收景切线应力求明确，若不明确，画面就会感觉到松散。

近景镜面道路，大片可以表现材料质感，小处可画植栽点景，不作明确交待，但一定要画出垂直反光效果，画出云影加重反射的效果，道路的配景，收景线要整齐（如水平、成角、折角）或不规则的切线。对车辆的动感，除垂直光影外，用界尺拉出有力的速度轨迹线是最重要的。另外利用色纸画出空白是表现道路较易的技法之一。

（三）草地的画法

草地的明度变化和地面相同，只不过画时要把色调的稠一点，先画近处和阴影处的深颜色，然后再画草地的中间色，最后画远处的浅色。用笔要爽快，可以有飞白的效果，在总体质感上要有粗糙的感觉。用色不宜过纯，一般多采用橄榄绿，土黄和赭石之类的颜色。画草地时不要一根根地画，而应从整体效果着眼。

六、水面的画法

建筑画中表现水的情况是很多的，尤其在旅游建筑中。所以对水的画法也很重要。

（一）水面的特点

水面与地面不同，它是反光体，一般情况下它和天空的颜色是相同的，只不过加上它自身的固有色后颜色更灰了。如果建筑和一些树木临水而立，那么水中就会出现它们的倒影，而且水面平静，倒影清楚，有风时的水面倒影就会模糊些。一般来说，水面与地面相接处局部较重，而水面的中心部位常常有局部亮线。

（二）画水面技法

画水时，首先要按照天空的颜色画出基本色调，在颜色未干时按建筑和树木等环境关系画出倒影来，水分大些使之相互渗化；颜色要沉着，使之和谐；明度要低些，使之沉稳利于烘托建筑形象。

最后，要用绘画仪器在建筑与水的相接处打上深线，在水面打上白线，但线打得不要太多，同时要注意有长短，间距有大小（见彩图15、16、17）。

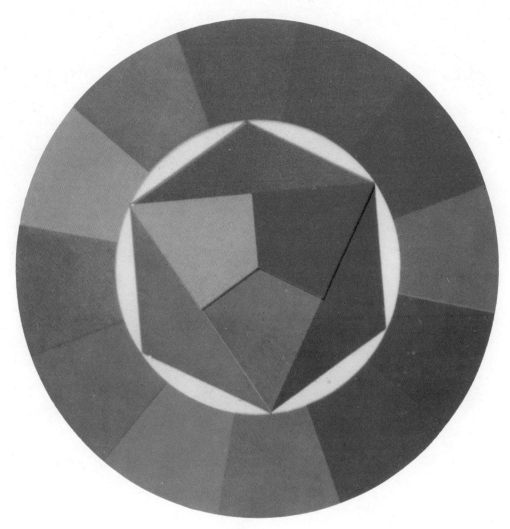

彩图1

彩图2

彩图2—A

彩图2—B

彩图2—C

彩图2—D

彩图3

彩图3—A

彩图3—B

彩图3—C

彩图3—D

彩图4

彩图4—A

彩图4—B

彩图4—C

彩图4—D

彩图5

彩图5—A

彩图5—B

彩图5—C

彩图5—D

彩图6　各种建筑材料的表现方法

彩图7　水粉建筑表现技法

彩图8　水粉建筑表现技法

彩图9　水彩建筑表现技法

彩图10　晓笔表现技法

彩图11　马尧笔的表现技法

彩图12　钢笔水彩表现技法

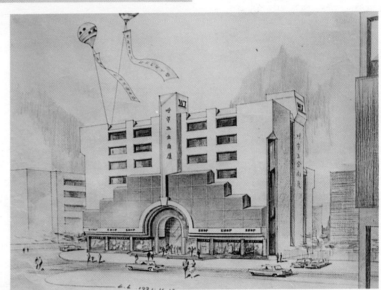

彩图13　彩色铅笔表现技法

彩图14　鸟瞰图的表现

彩图15 建筑配景画法

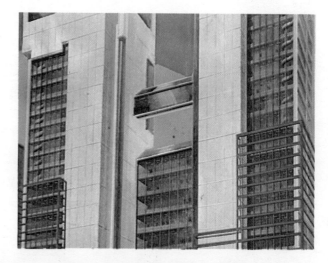

彩图16　建筑配景画法

彩图17　建筑配景画法